解 读 地 球 密 码

丛书主编　孔庆友

中生代霸主

恐龙

Dinosaurs
The Mesozoic Master

本书主编　杜圣贤

山东科学技术出版社
·济南·

图书在版编目（CIP）数据

中生代霸主——恐龙 / 杜圣贤主编 . -- 济南：山东科学技术出版社，2016.6（2023.4 重印）
（解读地球密码）
ISBN 978-7-5331-8351-6

Ⅰ . ①中… Ⅱ . ①杜… Ⅲ . ①恐龙 – 普及读物 Ⅳ . ① Q915.864-49

中国版本图书馆 CIP 数据核字 (2016) 第 141395 号

丛书主编　孔庆友
本书主编　杜圣贤

中生代霸主——恐龙
ZHONGSHENGDAI BAZHU——KONGLONG

责任编辑：赵　旭
装帧设计：魏　然

主管单位：山东出版传媒股份有限公司
出 版 者：山东科学技术出版社
　　　　　地址：济南市市中区舜耕路 517 号
　　　　　邮编：250003　电话：（0531）82098088
　　　　　网址：www.lkj.com.cn
　　　　　电子邮件：sdkj@sdcbcm.com
发 行 者：山东科学技术出版社
　　　　　地址：济南市市中区舜耕路 517 号
　　　　　邮编：250003　电话：（0316）3650395
印 刷 者：三河市嵩川印刷有限公司
　　　　　地址：三河市杨庄镇肖庄子
　　　　　邮编：065200　电话：（010）63347315

规格：16 开（185 mm × 240 mm）
印张：9.5　字数：171 千
版次：2016 年 6 月第 1 版　印次：2023 年 4 月第 4 次印刷
定价：38.00 元

审图号：GS（2017）1091 号

普及地质科学知识
提高民族科学素质

李廷栋
2016年元月

传播地学知识，弘扬科学精神，践行绿色发展观，为建设美好地球村而努力。

瞿硒生
2015年10月

贺　词

　　自然资源、自然环境、自然灾害，这些人类面临的重大课题都与地学密切相关，山东同仁编著的《解读地球密码》科普丛书以地学原理和地质事实科学、真实、通俗地回答了公众关心的问题。相信其出版对于普及地学知识，提高全民科学素质，具有重大意义，并将促进我国地学科普事业的发展。

国土资源部总工程师　张彦鸣

　　编辑出版《解读地球密码》科普丛书，举行业之力，集众家之言，解地球之理，展齐鲁之貌，结地学之果，蔚为大观，实为壮举，必将广布社会，流传长远。人类只有一个地球，只有认识地球、热爱地球，才能保护地球、珍惜地球，使人地合一、时空长存、宇宙永昌、乾坤安宁。

山东省国土资源厅副厅长　王桂鹏

编著者寄语

★ 地学是关于地球科学的学问。它是数、理、化、天、地、生、农、工、医九大学科之一，既是一门基础科学，也是一门应用科学。

★ 地球是我们的生存之地、衣食之源。地学与人类的生产生活和经济社会可持续发展紧密相连。

★ 以地学理论说清道理，以地质现象揭秘释惑，以地学领域广采博引，是本丛书最大的特色。

★ 普及地球科学知识，提高全民科学素质，突出科学性、知识性和趣味性，是编著者的应尽责任和共同愿望。

★ 本丛书参考了大量资料和网络信息，得到了诸作者、有关网站和单位的热情帮助和鼎力支持，在此一并表示由衷谢意！

科学指导

李廷栋 中国科学院院士、著名地质学家
翟裕生 中国科学院院士、著名矿床学家

编著委员会

主　　任　刘俭朴　李　琥
副 主 任　张庆坤　王桂鹏　徐军祥　刘祥元　武旭仁　屈绍东
　　　　　刘兴旺　杜长征　侯成桥　臧桂茂　刘圣刚　孟祥军
主　　编　孔庆友
副 主 编　张天祯　方宝明　于学峰　张鲁府　常允新　刘书才
编　　委　（以姓氏笔画为序）
　　　　　卫　伟　王　经　王世进　王光信　王来明　王怀洪
　　　　　王学尧　王德敬　方　明　方庆海　左晓敏　石业迎
　　　　　冯克印　邢　锋　邢俊昊　曲延波　吕大炜　吕晓亮
　　　　　朱友强　刘小琼　刘凤臣　刘洪亮　刘海泉　刘继太
　　　　　刘瑞华　孙　斌　杜圣贤　李　壮　李大鹏　李玉章
　　　　　李金镇　李香臣　李勇普　杨丽芝　吴国栋　宋志勇
　　　　　宋明春　宋香锁　宋晓媚　张　峰　张　震　张永伟
　　　　　张作金　张春池　张增奇　陈　军　陈　诚　陈国栋
　　　　　范士彦　郑福华　赵　琳　赵书泉　郝兴中　郝言平
　　　　　胡　戈　胡智勇　侯明兰　姜文娟　祝德成　姚春梅
　　　　　贺　敬　徐　品　高树学　高善坤　郭加朋　郭宝奎
　　　　　梁吉坡　董　强　韩代成　颜景生　潘拥军　戴广凯
书稿统筹　宋晓媚　左晓敏

目 录
CONTENTS

Part 3 揭秘恐龙一生

恐龙的灭绝/18

白垩纪是中生代的最后一个纪，这一时期动植物新生门类蓬勃发展、迅速演变。但到了白垩纪晚期，随着各种恐龙的相继灭绝，中生代盛极一时的霸主全部退出了历史舞台，从而结束了统治地球长达一亿多年的历史。

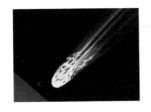

恐龙灭绝假说/21

在中生代末期，称霸地球近1.7亿年的恐龙全部绝迹了，它们永远退出了历史舞台。为了探寻恐龙灭绝之谜，科学家们提出了130多种假说。其中占主导地位，也最令人信服的假说是陨石撞击地球说。

感悟恐龙灭绝/25

谜一样的恐龙留给了我们太多的思考和遐想，其中它们灭绝对于我们的启发最大，最具借鉴的意义。面对日益恶化的环境，我们有责任和义务把地球建设成为一个青山绿水、蓝天白云、环境舒适、人与自然和谐相处的美丽家园。

Part 4 世界恐龙大观

发现于亚洲的恐龙/27

亚洲恐龙化石非常丰富。除中国外，蒙古、日本、韩国、印度、泰国等都发现了大量恐龙化石，并且许多恐龙化石在亚洲乃至全世界都具有很大的影响力。

发现于非洲的恐龙/34

　　非洲发现的恐龙化石产地有80多处，主要分布在南非、莱索托、津巴布韦、纳米比亚、坦桑尼亚、马达加斯加、刚果民主共和国、埃及、阿尔及利亚等国，并且有很多属种在当时震惊了世界。

发现于欧洲的恐龙/40

　　欧洲的恐龙化石产地主要分布在法国、德国、英国、西班牙、波兰、葡萄牙以及俄罗斯等国。最早的恐龙化石发现地是英国南部苏塞克斯郡的刘易斯。

发现于美洲的恐龙/43

　　美洲的恐龙不但数量多，并且种类也比较丰富。其中南美洲就有恐龙化石产地100多处，世界著名的阿根廷龙就产于该洲。在美国、墨西哥、加拿大等地除了发现许多大型的蜥脚类恐龙化石外，还有许多凶猛的肉食性兽脚类恐龙的化石。

发现于大洋洲的恐龙/66

　　大洋洲的恐龙化石相对较少，主要分布在澳大利亚。在大洋洲所发现的恐龙化石中，有南半球发现的第一条甲龙——敏迷龙，另外还有木他龙、快达龙等。

Part 5 中国恐龙荟萃

我国的恐龙动物群/70

　　我国共发现了从晚三叠世到白垩纪末期共5个恐龙动物群。晚三叠世到早侏罗世恐龙动物群主要以原蜥脚类为主；而中—晚侏罗世大型蜥脚类恐龙达到繁盛，鸟脚类恐龙大量出现；白垩纪是以鹦鹉嘴龙、鸭嘴龙为代表的恐龙群最为繁盛的时期。

我国的恐龙足迹群/106

我国共发现了6个恐龙足迹群,分别是晚三叠世恐龙足迹群、早侏罗世恐龙足迹群、中侏罗世恐龙足迹群、晚侏罗世恐龙足迹群、早白垩世恐龙足迹群和晚白垩世恐龙足迹群。

我国的恐龙蛋化石群/108

我国恐龙蛋化石非常丰富。迄今为止,已在山东、江西、河南、浙江等14个地区发现了恐龙蛋化石,它们可分为11个蛋科19个蛋属65个蛋种,其中晚白垩世包含了4个恐龙蛋化石群。特别是河南西峡、江西赣州的恐龙蛋化石天下闻名。

Part 6 山东恐龙撷英

中国龙城——诸城/112

诸城是我国重要的以大型鸭嘴龙类为代表的鸟臀目恐龙化石产出地,既有恐龙骨骼化石,也有恐龙蛋化石,还有集群分布的恐龙足迹化石。已发现的恐龙化石产地有30多处,大量化石主要集中分布在龙都街道的库沟、恐龙涧、臧家庄和皇华镇的皇龙沟。

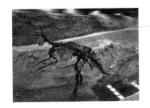

中国恐龙之乡——莱阳/120

莱阳是我国重要的恐龙骨骼与恐龙蛋化石产地,也是我国地质古生物学家最早发现恐龙骨骼化石、恐龙蛋化石和翼龙化石的地区。到2012年为止,莱阳共发现和研究命名的恐龙化石共计5大类8属11种,恐龙蛋化石共计4个蛋科5个蛋属11个蛋种。

山东其他地区的恐龙/128

　　山东的恐龙化石除了集中分布在诸城、莱阳等地以外，在泰安的新泰发现了我国第一只蜥脚类恐龙——师氏盘足龙；在莒南发现了中国第二例驰龙足迹、世界第三例小龙足迹；另外临沭岌山地区也发现了大量的恐龙足迹化石。

地学知识窗

Part 1 认知恐龙化石

　　恐龙是一种生活在距今2.35亿~0.65亿年前的大型爬行动物，出现于晚三叠世，灭绝于晚白垩世，而其中的一小支进化为鸟类。恐龙主宰地球约1.7亿年，成为中生代的霸主。恐龙化石是研究恐龙发生、发展以及灭绝的最直接、最有力的证据，同时也是确定地层时代、恢复古地理、研究古生态环境，以及探讨生物演化与地球环境协同演变的最关键的证据之一。

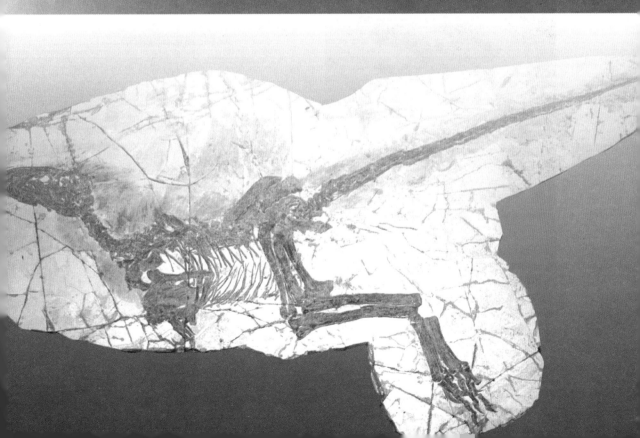

恐龙化石的概念

三叠纪—白垩纪时期，恐龙遗体、恐龙生命活动的遗迹（皮肤印迹、足迹、粪便和蛋）被埋藏，经过漫长的地质演化、石化作用，最终形成了恐龙遗体化石（图1-1）和遗迹化石（图1-2，图1-3）。

▲ 图1-1　恐龙骨骼化石

▲ 图1-2　恐龙足迹化石

▲ 图1-3　恐龙蛋化石

——地学知识窗——

恐龙足迹化石的形成

恐龙足迹化石是恐龙在地表行走时留下的脚印所形成的化石。恐龙足迹化石形成和保存的条件比较苛刻。首先，要求恐龙走过的地表湿度、黏度和颗粒度都比较适中，表面能够留下印迹；其次，留下的痕迹能迅速被沉积物掩埋；再次，掩埋后地壳需要下降，使其经过成岩作用的过程而被石化保存下来；最后，还要求保留足迹的地表与后来覆盖的岩层岩性不一样，能剥离显现出来。

1841年，英国解剖学家欧文（Owen）对英国的古爬行动物化石作了总结性的研究，他独具慧眼地发现其中的禽龙、巨齿龙和林龙相当特别。这些动物不仅体形巨大，而且肢体和脚爪有些像大象，与其他爬行动物不同的是禽龙等动物的柱状肢体位于躯干之下，从而支撑躯体离开地面，并能自由地在陆地上行走、奔跑甚至跳跃。因此，欧文感到很有必要给这类新识别出的古生物类群取一个名字，以便与其他类似动物相区别。他把希腊字"Dinos"（恐怖的）和"Sauros"（蜥蜴）组合成"Dinosaur"（恐怖的蜥蜴），创造了"恐龙"这一名词。

——地学知识窗——

恐龙化石的发现

1822年3月的一天，天气非常寒冷，英国乡村医生曼特尔在外行医，其夫人给他送衣服时，在英国南部苏塞克斯郡一个叫刘易斯的地方发现了一些奇怪的动物牙齿化石。曼特尔夫人非常兴奋，甚至忘记了给丈夫送衣服。她小心翼翼地把这些化石从岩层中取出并带回了家。曼特尔回到家看到这些化石非常惊讶，他从未见过这么大的牙齿化石。他们又到采到化石的地方并发现了许多牙齿和相关的骨骼化石。为了弄清楚这些化石，他们查阅了大量资料并请教了许多博物馆学家。经过与伦敦皇家学院博物馆收集的鬣蜥的牙齿相对比，发现两者非常相似。曼特尔认为这些化石属于一种与鬣蜥同类但是已经灭绝了的古代爬行动物，并把它命名为"鬣蜥的牙齿"，中文名称被译成为"禽龙"。由此，恐龙科学研究的序幕拉开了。

恐龙化石的价值

世界上的恐龙化石种类繁多，数量丰富，迄今为止全世界发现的恐龙化石有近800个属种。恐龙化石为研究地球演化、生命起源与进化提供了重要的科学依据。

科学研究价值

恐龙研究是集古脊椎动物学、脊椎动物比较解剖学、古生物与地层学、古生物分类学、动物形态学、病理学、现代生物学、动物骨骼学、地理学、植物学、环境考古学、地球化学等多门学科于一体的综合性研究工作，而恐龙化石在恐龙研究中具有重要的科学研究价值。

恐龙生活在中生代，这个时期气候湿润，湿地广布，森林茂密，生物种类丰富，为恐龙创造了有利的生存条件，使它们繁荣发展并成为中生代的霸主。这些我们无法亲眼看到，然而可以通过研究恐龙化石，包括反映恐龙形体的骨骼化石、反映繁衍能力的恐龙蛋化石、反映生活环境和行动能力的足迹化石以及反映构成恐龙群体与其他生物的化石组合关系等，我们可以恢复古地理、古气候、古生态以及探讨生物和地质的演化规律。

在恐龙演化过程中，不同时代的恐龙形体结构、骨骼特点有所不同。据其化石特征，可以确定赋存恐龙化石的地层在陆相沉积环境中形成的时代，进而用来进行地层划分对比。恐龙研究为地质学提供了不可估量的价值，也为研究地球的发展历史提供了可靠的依据。

我国古脊椎动物学者们经过30余年的科学研究，与国际学者们不断合作、探讨，使我国的恐龙研究事业逐渐与国际接轨，目前，中国在恐龙研究领域已达到世界先进水平。

科普教育价值

恐龙化石是自然界中不可再生的珍贵遗产，除进行科学研究以外，恐龙化石还具有多层次、多领域的科普教育价值。

利用恐龙化石进行科普教育可以为现代人提供认识远古地球生物的平台。古生物工作者们通过不断努力，已经在我国建立了多所含恐龙化石的地质公园、自然博物馆、古生物博物馆以及专门的恐龙博物馆（图1-4）等，另外，还建立了很多恐龙研究中心。科普教育机构积极开展形式多样、内容丰富的科普活动（图1-5），从而实现了恐龙化石的科普教育价值。举办恐龙展、与中小学合作共建教学实践基地等，这对传播科学思想、弘扬科学精神、推动社会文明建设起到了重要作用。

旅游开发价值

恐龙化石也是珍贵的旅游资源。中国的恐龙化石种类多、分布广，国家及地方政府十分重视恐龙化石资源的开发。地方政府常常在发现恐龙化石的地点因地制宜，建立博物馆和遗址陈列馆，以科普、科研、科考为主，开展特色地学旅游。这既具有科学教育意义，又为当地带来了科普文化热流，宣传了地方特色，还为当地政府带来了一定的经济效益。四川的自贡恐龙博物馆、江苏的常州中华恐龙园、云南的禄丰恐龙谷、山东的诸城暴龙馆等都成为热点旅游地。

▲ 图1-4 四川自贡恐龙博物馆

▲ 图1-5 在诸城恐龙博物馆举办的亲子游活动

寻访恐龙家族

恐龙属于脊椎动物亚门爬行纲初龙超目。根据恐龙骨盆特征，将其分为蜥臀目和鸟臀目。蜥臀目又分为兽脚亚目、蜥脚亚目和原蜥脚亚目；鸟臀目又分为鸟脚亚目、角龙亚目、甲龙亚目、剑龙亚目和肿头龙亚目。根据恐龙生活习性，又可将恐龙分为肉食类和植食类。

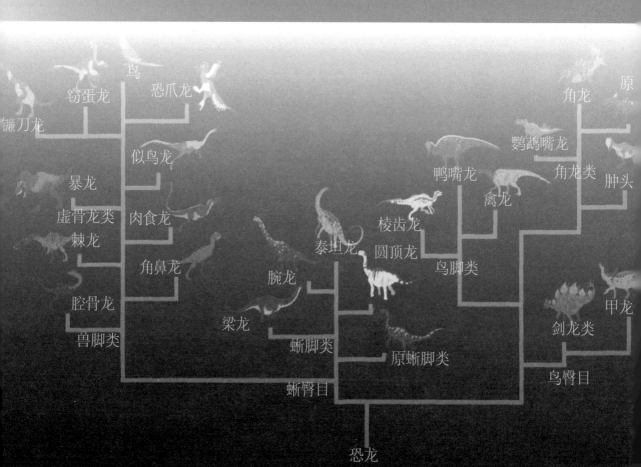

蜥臀目

　　恐龙家族非常庞大，通过对发掘出来的恐龙化石，包括骨骼（图2-1）、牙齿、皮肤、卵、粪便、足迹等进行鉴定统计，目前可将恐龙划分为2目8亚目57科350余属800余种。根据骨盆形态不同，分为呈三射形式的蜥臀目和呈四射形式的鸟臀目。

　　蜥臀目又称为蜥龙目，主要特征是组成骨盆的髂骨、坐骨和耻骨三者间的结构形式侧面呈三射形式，其耻骨仅向下前方一个方向延伸，与蜥蜴骨盆结构形态较接近（图2-2）。根据动物行走爬行的姿态，蜥臀目又分为3个亚目：兽脚亚目、蜥脚亚目和原蜥脚亚目。

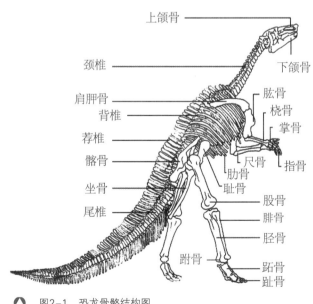

▲　图2-1　恐龙骨骼结构图

兽脚亚目为两足行走的肉食性恐龙，如霸王龙、恐爪龙、跃龙、细颈龙等。鸟类就是由兽脚亚目虚骨龙类群的一支演化而来的。

蜥脚亚目和原蜥脚亚目多为植食性、四足行走的恐龙，如梁龙、雷龙、禄丰龙、马门溪龙等都属于蜥脚亚目。

△ 图2-2 蜥臀目骨盆结构

鸟臀目

鸟臀目也叫鸟龙目，主要特征是组成骨盆的耻骨向前有一个前突，向后与坐骨平行，从侧面观呈四射形式，与鸟类骨盆结构相似（图2-3）。鸟臀目分5个亚目，即鸟脚亚目、角龙亚目、甲龙亚目、剑龙亚目和肿头龙亚目，均属植食性恐龙。属鸟脚亚目的有禽龙、鸭嘴龙等；属角龙亚目的有原角龙、角龙、鹦鹉嘴龙等；属甲龙亚目的有结节龙、甲龙等；属剑龙亚目的有剑龙等；属肿头龙亚目的有肿头龙等。

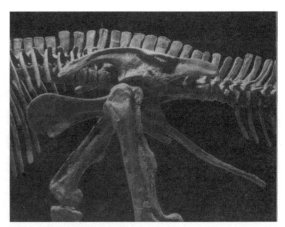

△ 图2-3 鸟臀目骨盆结构

另类"恐龙"

翼龙虽然也叫"龙",但它们并不是恐龙(图2-4)。翼龙类是一种能飞翔的爬行动物,它们大约从距今2.35亿年前的三叠纪末开始适应空中生活,并在地球上生活了近1.7亿年,最后与其同时代的恐龙及其他爬行动物同时灭绝于距今0.65亿年前的白垩纪末期。

在所有的飞翔者中,翼龙是最特别的,它们是第一群飞上天空的脊椎动物,只需要借助一点点动力就能展翅翱翔,在天空中遨游数千千米;它们翼展巨大,色彩斑斓,样貌奇特,是生物进化史上闪耀的星星。

翼龙的翼由复杂的多层翼膜组成,并由前、后肢支撑和控制。在前肢中,大、小臂和第四指形成一基本的翼棒,构成飞行翼的前缘。"手"上除了3个正常发育的有强有力的弯曲的爪子(手指),还有一块非常有意义的呈圆棒状的翼小骨。目前,人们对翼小骨功能的认识不一,它有可能是用来控制飞行方向或者是调节身体平衡的。

◀ 图2-4 复原的悟空翼龙(发现于我国辽宁省)

9

鸟类的起源

鸟类是非常特别的一类动物，在脊椎动物亚门中成为独立的一个纲——鸟纲。自1861年在德国距今大约1.46亿年的晚侏罗世地层中发现翅膀上长着爪子且有长长的尾椎骨的始祖鸟后，人们才得知鸟类是从爬行类动物进化而来的。但是，它是从爬行纲中的哪一类进化来的？这却一直是争论的热点。直到20世纪90年代，在中国辽宁省西部距今约1.45亿年的晚侏罗世"热河生物群"中发现大量保存极其完好的长有毛和羽毛的小型兽脚类恐龙和大量古鸟类化石后，才获得重大突破。西方学者不得不惊叹：中国长毛和羽毛恐龙的发现已经成为世界各国的头条新闻。

鸟类的起源有三种不同的假说。一种认为鸟类起源于爬行动物中的小型恐龙，其依据是始祖鸟的大小、全身骨骼和与它共生的美颌龙很相似。通过研究恐爪龙与鸟类的形体特征、分支系统学，部分科学家认为鸟类应起源于小型兽脚类恐龙（图2-5）。

另一种假说认为鸟类起源于爬行动物中的槽齿类，其主要依据是：①恐龙胸前不具有鸟类特有的叉骨；②恐龙腰臀部的骨骼等虽与鸟类有些相似，但不具有同源关系，两者明显不同；③小型兽脚类恐龙都比较特化，而且出现的年代晚于始祖鸟，所以它们不可能进化为鸟类。

还有一种假说认为鸟类起源于爬行动物中的鳄类。

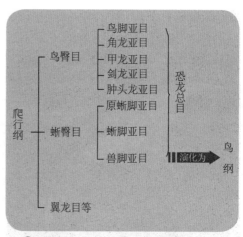

图2-5 恐龙、翼龙及鸟的关系图

1996年在辽宁朝阳市北票四合屯发现了中华龙鸟（图2-6）。它身长60多厘米，外形像鸡，但尾巴很长，而且嘴内长锯齿状尖牙，特别是身披尚未进化为羽毛的丝状毛。中国古生物学家季强认为它是最原始的鸟类，后经中科院南京地质古生物研究所陈丕基及外国学者的仔细研究，认为其全身骨骼特征极像与德国始祖鸟共生的美颌龙，而身上的毛只是皮下纤维，所以它应属于兽脚类恐龙中的美颌龙类。中华龙鸟是世界上第一只保存有原始羽毛的兽脚类恐龙。中华龙鸟的发现为鸟类起源于小型兽脚类恐龙的假说提供了重要证据。

1997年在该地区又发现了新的长毛恐龙，中科院古脊椎动物与古人类研究所恐龙专家徐星为其命名北票龙（图2-7）。它属于较特化的镰刀龙类，身上的细毛为皮肤衍生物，与羽毛更接近了。更令人惊喜的是，同年季强和姬书安在该地区竟发现了长羽毛的恐龙！它与发现于中亚和北美的兽脚类恐龙——驰龙类相似。不过最初古生物学家认为它是鸟类，故命名为原始祖鸟。

1998年，徐星等人在发现中华龙鸟的附近又发现了新的长毛恐龙，被命名为中国鸟龙。中国鸟龙身上的毛更接近鸟类的羽毛，为羽毛的演化提供了重要依据。中国鸟龙虽然还不能飞行，但其骨骼系统已经完全具备了拍打前肢的能力。

1998年，季强、姬书安等在辽西新发现了另一种长羽毛的恐龙——尾羽龙（图2-8）。它与原始祖鸟一样都具有与鸟类完全相同的羽毛，它还和鸟类一样，第一脚趾和牙齿都已退化，但它与

图2-6 复原的中华龙鸟及其化石

图2-7 复原的北票龙

11

鸟类的显著区别是前肢很短，而鸟类的前肢即翅膀很长。

2000年，徐星、周忠和及汪筱林在辽西发现了世界上最小的恐龙——赵氏小盗龙。它全长仅39厘米，属于驰龙科，但它的脚趾位置、趾节长度、末端趾节的形态，以及后脚的结构都与善于奔跑的其他驰龙类不同，而是具备爬树的能力。2002年，徐星等在对一些小盗龙标本进行仔细研究时，发现一种长有和鸟类一样的羽毛的恐龙——顾氏小盗龙。它们的后肢竟长在臀窝处，而且后肢和前肢一样长有长长的羽毛，成为拥有四个翅膀的"怪兽"。它们后肢的爪子与鸟类相似，能握住树枝，显然它们生活在树上，而且能短距离飞翔。这一奇特的发现让见多识广的古生物学家也惊诧不已。

更令人振奋的是，徐星等人近期在东北地区发现了一种新的长满羽毛的恐龙——赫氏近鸟龙（图2-9）。它长有4个翅膀，全身布满羽毛，特别是其羽毛可分两种，一种为"恐龙绒毛"，长在头部和颈部；另一种跟现代鸟类羽毛结构相似，有许多细毛从羽干长出来，而且每个前肢上长有约24根羽干，小腿和脚部也长着相似数量的羽毛。此前发现长羽毛的恐龙，其羽毛一般长在前肢，而它却长在后肢腕关节上，而且腿部和脚部的羽毛相互覆盖，使其具有更强的飞行能力。

至今，辽西地区共发现了3种长毛恐龙——中华龙鸟、北票龙、中国鸟龙和5种长羽毛恐龙——尾羽龙、原始祖鸟、小盗龙、赫氏近鸟龙和中国猎龙。鸟类到底起源于哪一类恐龙？这个问题至今仍是悬案，有待科学家们进一步破解这一谜团。

图2-8 复原的尾羽龙

图2-9 复原的赫氏近鸟龙

——地学知识窗——

鸟类是如何飞上天空的

　　鸟类的起源这一问题一直是生物学家争论的话题。目前，大多数生物学家都认为，鸟类由恐龙进化而来，迄今发现与鸟类关系最近的恐龙是兽脚类恐龙和奔龙。然而，生物学家还面临着一个更棘手的问题：鸟类是如何进化出飞行能力的？有两种互不相让的假说：一种是"树栖假说"，即鸟类的祖先栖息在树上，借助于羽毛，它们能从树上"滑翔"下来，逐渐进化出了主动飞行的能力；另外一种是"地栖假说"，这一理论认为鸟类的祖先生活在地上，它们肢体上的羽毛使其行动便捷，有助于捕食或者逃避捕食者，经历了一个高速奔跑的阶段之后，它们终于飞上了天空。

揭秘恐龙一生

恐龙出现于晚三叠世，繁盛于侏罗纪，灭绝于晚白垩世末期。这一部长达1.7亿年的兴衰史，谱写出了恐龙发生、发展以及灭绝的全过程，给人们留下了生物进化史上的许多壮丽诗篇。恐龙的灭绝至今仍是一个谜，等待着人们去探索。

恐龙的出现

——地学知识窗——

"三叠纪"的由来

　　三叠纪是中生代的第一个纪，最早人们在德国西南部发现了代表这段时间的地层，因这套地层的岩石结构可明显地分为三部分：下部是陆相杂色砂、页岩，中部为海相灰白色石灰岩，上部是陆相红色岩层，三部分性质一目了然，故将代表该地层的时间称作"三叠纪"。

晚 古生代末曾经出现过一次地壳运动，地质学家们称之为"海西运动"。经过这次运动，北半球的许多活动海槽先后转化为褶皱山系，并对三叠纪早期的地壳演化也有所影响。因此，从全球范围看，三叠纪的海侵规模不是很大，海侵区局限于南北两大陆之间近东西方向的狭长地带，即地中海—喜马拉雅海槽，以及环太平洋东西两岸的海槽区。在我国，三叠纪形成了一条大体上以古昆仑—古秦岭—古大别山连续而成的界限，这条界限以北的广大地区，是内陆盆地型沉积，发育有干燥气候下形成的红色地层，以及三叠纪中晚期半干热和温湿环境下沉积的含煤、含油岩系；而这条界限以南，则属于海相沉积区，主要沉积形成石灰岩等海相地层。因此，我们可以把我国三叠纪时的古地理景观称为"南海北陆"。 但是，这种情况在三叠纪中后期开始发生了变化，华南的海水由东部稳定浅海区向西部海槽退却。三叠纪末，发生了一次称之为"印支运动"的地壳运动，受印支运动的影响，华南区几乎全部露出海面与华北大地相连，海水只限于西南边缘地带，出现以大陆环境占优势的古地理景观，从此结束了我国东部地区"南海北陆"的局面，南北沉积差异也随之消失。与此同时，一个新的构造格局由晚三叠世开始逐渐形成，地壳运动转为东升西降，我国大陆内东西分异的沉积特点逐渐表现出来，这也是我国整个中生代的沉积特点。

三叠纪的生物界面貌显然不同于晚古生代的二叠纪。在海洋中，随着二叠纪末大量生物种类的灭绝，代之而起的是软体动物、六射珊瑚、海绵类、海百合、有孔虫、苔藓虫等；微体牙形动物在三叠纪十分常见，它们处在演化史上的关键时期，属种更替显得极其频繁，到三叠纪末，它们全部灭绝。在陆地上，裸子植物继续保持着优势，苏铁类占据主要地位，真蕨和木贼类也逐渐繁盛。陆生脊椎动物出现了水龙兽、犬颌兽等，它们是接近于哺乳类祖先的似哺乳爬行动物。为了适应半干旱的环境，两栖类出现了无尾类型，这就是蛙类和蟾蜍。三叠纪晚期种类繁多的爬行动物向各方面分化，如适宜于陆地环境的中国云南禄丰龙，喜爱在湖泊中游弋的安徽巢湖龙，回返到海洋中生活的喜马拉雅鱼龙等（图3-1）。

图3-1 三叠纪末期陆地面貌想象图

恐龙的繁盛

——地学知识窗——

"侏罗纪"的由来

　　在法国与瑞士交界的阿尔卑斯山区，有一座侏罗山，这座山并不十分高大、险峻，但却非常出名，从19世纪初开始就有许多人来这里从事科学考察活动，今天在地质学上应用的一些理论或概念都得益于当时对侏罗山区的认识，如古生物学中的"化石层序律"、化石带的建立和划分、地层学中"阶"的概念等。由于这一地区有一套地层发育特别完整，经过测定认为形成于地质历史的中生代中期，于是称为"侏罗纪"。

侏罗纪时期是爬行动物大繁盛的时期，此时期地球气候温暖湿润，在全球的许多地方竟然没有热带与温带的差别。这种条件对恐龙的繁衍十分有利，它们迅速占领了陆地、海洋和天空。在中生代，哺乳动物还没有真正出现，恐龙等爬行动物因此遇不到生存竞争的对手，它们理所当然地成为生物界的真正霸主。如果我们能够通过"时光隧道"回到侏罗纪，你会发现到处都是恐龙和恐龙的近亲，天空中滑翔掠过的是翼手龙和飞龙，在海洋中搏击风浪的是鱼龙和蛇颈龙，陆地上四处觅食的是梁龙、剑龙和雷龙，地球真正成了恐龙主宰的世界（图3-2）。

　　恐龙等爬行动物之所以能够得到飞速发展，特别是陆生恐龙之所以能够占据地球的表面，主要取决于陆地植物的存在。当时温暖的气候十分有益于陆地植物的生存和繁衍，低矮的蕨类植物长成为茂密的灌木林，高大的裸子植物包括苏铁、银杏和松柏类，它们一棵棵巍峨、挺拔，形成了郁郁葱葱的乔木林。乔木与灌木相互混合，整个地球都被陆生植物所覆盖，成了名副其实的绿色公园。最近，我国的古生物学家在辽宁北票地区发现了侏罗纪晚期被子植物果实的化石，这一发现表明，侏罗纪时被子植物已经出现了。多种植物形成的茂密树林为草食恐龙提供了丰富的食源，为它们也为小型食肉或杂食恐龙提供了藏身之地。草食恐龙的数量增多无疑又对肉食恐龙有利，这一完整食物链的构成正是侏罗纪为什么成为恐龙世界的原因。

🔺 图3-2 侏罗纪时期陆地面貌想象图

恐龙的灭绝

提起白垩纪，就像它的名字一样，似乎给人们带来了荒凉和恐怖之感。确实，在那个时代结束的同时，地球上最大的动物类群——恐龙就从地球上全部消失了。白垩纪真的是恐怖的时代吗？恐龙是怎么灭绝的呢？让我们从头说起。

——地学知识窗——

"白垩纪"的由来

白垩纪是中生代的最后一个纪，白垩的名称"Creta"来自拉丁文，代表一种灰白色、颗粒较细的碳酸钙沉积。位于英国东南部的多佛尔海峡即有由白垩纪地层构成的陡峭岩壁（图3-3），人们认识白垩纪地层最早也是从那里开始的。白垩纪是地质史中第一个以岩性命名的地质年代年位。

△ 图3-3 多佛尔海峡岩壁

白垩纪是地球发展史上的重要时期，这一时期是动植物新生门类蓬勃发展和迅速演变的时期，也是全球发生大陆漂移、又一次出现生物大灭绝的时期。恐龙在那时曾一度占领着世界舞台，著名的霸王龙就生活在白垩纪，它是当时最强悍的食肉动物。以霸王龙为代表的蜥臀类恐龙大多数具有捕杀猎物的高度适应性，在世界各地都有它们的踪迹。鸟臀类的演化在这一时期也十分醒目，出现了甲龙、角龙、鸟脚龙类等，鸭嘴龙就是十分常见的鸟脚龙类。除了陆地上的恐龙，白垩纪时期向空中发展的爬行动物有了更完善的进化，它们不仅个体硕大，飞翔能力也可以同某些鸟类相媲美；海洋中的爬行动物则以沧龙类和蛇颈龙类为代表。但整个白垩纪，鸟类、哺乳类和鱼类的崛起已对恐龙构成威胁，从侏罗纪延续下来的由恐龙主宰世界的格局正面临崩溃（图3-4）。

白垩纪出现了真正的鸟类，这在生物进化史上是一个重要事件。我国古生物学家在辽宁北票地区发现的中华龙鸟等化石，为鸟类的演化和发展假说提供了最有力的佐证。鱼类中的真骨鱼得到迅速发展并分布于全球各地。节肢动物中的介形虫、叶肢介等成为重要的物种，特别是介形虫，它们个体微小，既可生活在淡水，又能生活在海水、半咸水中，有很强的适应能力。海生无脊椎动物中，菊石、有孔虫、双壳类具有一定的代表性。

进入中生代白垩纪后，最重要的事件就是各种恐龙相继灭绝，使这一中生代生物界的霸主全部退出了历史舞台，从而结束了统治地球长达一亿多年的恐龙时代。科学家们进一步指出，灾难并不仅仅只是降临在恐龙身上，在白垩纪末期，发生的是一场遍及整个生物界的大劫难。

中生代末以恐龙为代表的生物大灭绝，是继古生代末二叠纪的生物大绝灭后又一次引人注目的事件。这次事件，除恐龙外，还导致菊石、箭石类完全灭绝，有孔虫、珊瑚、海百合、双壳类及许多微体古生物的一些目、科也完全灭绝。统计表明，中生代末的这次浩劫，殃及了总计3 000个属的生物，有一半以上的物种永远从地球上消失了。

然而，科学家们认为，生物在短时间内突然灭绝，可以看成是自身演化历程中

图3-4　白垩纪时期陆地面貌想象图

的调节与平衡，是促进生物继续发展的重要因素。也正是这次大灭绝，才导致新生代哺乳动物的飞速发展，使地球呈现出千姿百态的新景观。

从我国白垩纪的沉积特点看，当时的生物生存条件确实十分恶劣，绝大部分地区属于干燥带，华北和西北地区则为半干旱的气候条件，只有东北北部属温湿带气候。由于气候干燥炎热，沉积形成的地层以红色岩系为主。在整个亚洲的近太平洋沿海一带，曾有过频繁的火山喷发。

恐龙灭绝假说

恐龙作为爬行动物中的一支，在距今6 500万年前就已经灭绝了，至于灭绝的原因，科学家们提出了130多种假说。归纳起来大致可分为两类：第一类假说认为恐龙的灭绝是由地外突发因素引起的，主要是宇宙中小行星或彗星撞击地球所致；第二类假说认为是由于地球上的气候、地貌、植物、疾病或其他动植物生态因素的灾变，使恐龙无法抗拒和不能适应而灭绝。其中最令人信服的是小行星（陨石）撞击说，这是由诺贝尔奖获得者、物理学家阿弗雷兹等一批科学家提出的，其基本依据是地球表面的陨石坑（这些陨石坑今天已成为巨大的湖泊）和铱元素的异常。

在中生代，恐龙并非是唯一生存在地球上的生物，就恐龙而言，它们也不全是庞然大物。恐龙中的大多数，特别是非食草型恐龙身躯并不庞大，有的甚至身材小巧，动作敏捷，当灾害来临时能快速逃避。因此，小行星撞击地球时，对大型恐龙来说，可能首当其冲地成为牺牲品，但说全部恐龙毁于一旦恐怕未必，除非小行星在一段时限内大量地、反复地撞击地球才能给予它们（也包括其他生物）毁灭性的打击。因此，小行星撞击地球，生态环境的变化可能使一部分恐龙遭遇灭顶之灾，但不排除仍有一部分恐龙存活，它们成为恐龙的后裔能够在漫长的地史时期悄悄地演变发展。

古生物学家发现，在地球遭受星体撞击之前，恐龙家族中有一部分成员就开始了迅速的演化，它们变得非常聪明，其脑容量很大，身体灵巧，甚至能够像人一样用两条腿走路。这些恐龙的前、后肢比例差距明显，腕掌骨灵活度加大，前爪可以握物，奔走迅速。可以想象，这部分恐龙即使有相当数量遭到毁灭，也一定有少数幸存者。它们在以后的岁月中逐渐形成了一些新的分支，在地球这片广袤的土地上生息。一部分科学家认为正是它们演变成了今天的鸟类，目前人们已经寻找到了这方面的证据。但有一个事实不容忽视，在恐龙灭绝之后，哺乳动物获得了空前的发展，并迅速在地球的各个角落分布和繁衍，成为地球上最有影响力的生物。

——地学知识窗——

恐龙灭绝的传说

早在6 500万年前的一天，绿色丛林沐浴在灼热的阳光下，到处是一片宁静。一些恐龙聚集在丛林旁，它们有的相互追逐，有的在安静地吞食着鲜嫩的树叶，有的相互偎依在一起休息，还有的在窝边走来走去，正在精心守候尚未出世的幼崽儿。不远处丛林的阴影里，躲藏着一条霸王龙，它那凶狠的目光正注视着眼前的一切，寻找机会扑向它感兴趣的目标。

忽然，一阵沉闷的雷声隆隆响起，打破了丛林的宁静。鸭嘴龙首先警惕地伸直脖子。随后响声越来越大，它震撼着大地，带来了不祥。三角龙四散奔逃，然而，这一切都太迟了。一颗直径达10千米、相当于一座中等城市般大小的小行星从天而降。它在地球上撞出一个巨大的深坑，直径超过200千米。以地震的强度来计算，这次撞击大约达到了里氏10级。撞击产生了铺天盖地的灰尘，导致极地冰雪融化，各地火山喷发、岩浆四溢。火山灰遮挡了太阳的光芒，气温骤降，大雨滂沱，山洪暴发，泥石流将恐龙卷走并埋葬起来。在以后的数月乃至数年里，天空中依然尘烟翻滚、乌云密布，地球因终年不见阳光而气候变冷，恐龙无法适应如此强烈的环境变化，相继死去，恐龙时代就此结束。

陨石撞击说

部分科学家认为，在距今6 500万年前，曾有许多小行星撞击地球（图3-5），强烈的撞击不仅在地球表面留下了直径约200千米的大坑，撞击时产生的高温高压还使物质气化，从而造成地球表面持续弥漫着尘埃，导致动植物大批死亡和生物链的崩溃，恐龙就是在这场突然发生的灾难中灭绝的。可能有少数恐龙侥幸躲过了一时的灾难，但它们不会存活太长时间，因为它们赖以生存的环境受到了彻底破坏，而恢复则需要漫长的时间，等待它们的就只有死亡。

陨石撞击地球说并不是神话，地层中铱元素的富集是重要的科学依据。原来，地球上铱元素含量极少，只集中在深部地核内。少量赋存于地层中的铱是从哪里来的呢？科学家们通过深入地研究，认

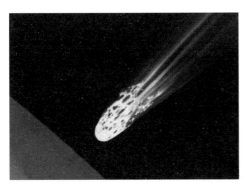

🔺 图3-5 陨石撞击地球假想图

为这些铱应该来自宇宙尘埃。20世纪70年代末，在意大利白垩纪—第三纪交界的黏土层中发现铱元素高度富集，正好与恐龙灭绝的时间相吻合，随后在世界许多地区都发现了这一时期地层中的铱含量异常，于是，陨石撞击地球使铱元素赋存在地层中的假说就有了证据。根据这一假说，地质学家开始在全球各地寻找铱异常的部位，越来越多的证据支持了这一假说，小行星撞击地球造成恐龙灭绝已成为可以接受的理论。来自天文观测的信息表明，目前太阳系已发现和命名的小行星有2 200多颗，它们"访问"地球的可能性毋庸置疑。另据推算，小行星陨落到地球时撞击所释放的能量，与几百颗原子弹、氢弹同时爆炸相当，可能会有数千亿吨土壤和尘埃被抛向空中，使地球至少在几个月甚至十几个月内完全处于一片混沌和无序状态，看来恐龙灭绝当属"天意"了。

科学工作者用了10年时间，终于有了初步结果，他们在北美洲墨西哥犹卡坦半岛的地层中找到了这个大坑（图3-6）。据推算，这个坑的直径在180~300千米之间。

图3-6 陨石撞击地球留下的"天坑"

火山爆发说

意大利著名物理学家安东尼奥-齐基基提出,恐龙大灭绝的原因很可能是大规模的海底火山爆发(图3-7)。在白垩纪末期,在海洋底下发生了一系列大规模的火山爆发,从而影响了海水的热平衡,进而引起陆地气候的变化,最终影响了需要大量食物维持生存的恐龙等动物的生存。

因为火山的爆发,二氧化碳气体大量喷出,造成了地球上急剧的温室效应,使得植物死亡。与此同时,臭氧层遭到破坏,大量的紫外线照射地球表面,造成恐龙和其他生物体的损伤。火山喷发还可能导致白垩纪末期降下强烈的酸雨,使土壤中的微量元素被溶解,恐龙通过饮水和食物直接或间接地摄入有害物质,出现急性或慢性中毒,最后一批批死掉(图3-8)。

除了以上两种假说外,有的科学家还提出气候变迁说、大陆漂移说、造山运动说、被子植物中毒说、物种竞争说、海洋退潮说、地磁变化说、物种老化说等。总之,恐龙的灭绝虽然是地质历史上的一瞬,但也不是一朝一夕的突变事件,它是在外在因素和内在因素的共同作用下最终走向灭亡的。

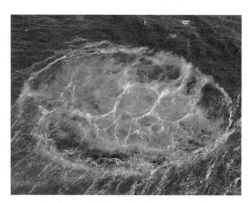

图3-7 海底火山爆发

图3-8 海底火山爆发喷出的物质

感悟恐龙灭绝

今天，一个以被子植物的繁荣、哺乳动物与鸟类大发展为主要特征的生物界，使我们所在的这颗星球变得更加充满生机。特别是人类的出现，更是锦上添花，使地球在浩瀚无垠的宇宙中更加璀璨夺目，大放文明智慧的异彩。然而，所有这些都庆幸于以恐龙为代表的爬行动物在白垩纪末遭受到的灭顶之灾。如果没有白垩纪末的生物大灭绝，也许就不会有今天哺乳动物和鸟类繁荣的新天地。

人类是善于思考的物种。我们要了解过去，把握现在，还要展望未来。自然科学的任务就是要搞清楚自然界的客观规律，为人类的生存和发展服务，实现人类和人类社会的持续发展。恐龙作为中生代的统治者，谱写了地球历史上生命演化的辉煌篇章，却在中生代最后的几百万年间神奇地绝灭了，这是为什么？

尽管恐龙绝灭的原因众说纷纭、莫衷一是，渐变论的解释也好，灾变论的说法也罢，但有一点是肯定的，都落在了环境的巨变上，只是引起环境巨变的原因不同而已。环境巨变影响到恐龙的生存，换句话说，就是极度恶化的环境埋葬了恐龙。

极度恶化的环境把恐龙埋葬了！联想到我们今天严重的环境污染，许多环境指标都给我们亮起了红灯，我们有理由担心人类的命运。难道我们也要步恐龙的后尘吗？前车之辙，后车之鉴。假如由于我们的贪婪和愚昧而造成环境日益恶化，以致竟威胁到整个自然界和人类社会，面对这一现实难道我们还不应该警醒吗？

世界恐龙大观

　　恐龙世界令人瞩目。全球七大洲几乎都有恐龙化石被发现，截至目前共有527个恐龙属。亚洲恐龙甲天下，特别是中国带羽毛恐龙的发现震惊世界；北美洲发现的恐龙不但数量多，而且属种丰富，其中有很多明星恐龙……

发现于亚洲的恐龙

亚洲恐龙丰富多彩，其中中国恐龙在亚洲乃至全球都具有重要的影响。

伶盗龙（*Velociraptor*, 1924） 拉丁名意为敏捷的盗贼，又被称为迅猛龙、速龙、快盗龙，是蜥臀目兽脚亚目驰龙科的一个属，模式种为蒙古伶盗龙（图4-1）。伶盗龙生活于距今8 300万~7 000万年前的晚白垩世时期的蒙古和中国等地。伶盗龙为夜行性动物，可能在夜间或光线昏暗的清晨、黄昏进行觅食（肉食性）。成年个体身长约2.07米，臀部高约0.5米，推测体重约150千克（图4-2）。

▲ 图4-1 装架的蒙古伶盗龙

▲ 图4-2 复原的蒙古伶盗龙

恐手龙（*Deinocheirus*，1965） 学名是来自古希腊文"恐怖的手"，它是蜥臀目兽脚亚目恐手龙科的一属巨型恐龙，模式种是奇异恐手龙。恐手龙生活于距今约7 000万年前的白垩纪晚期。恐手龙于1965年在蒙古国南部被发现并命名（图4-3）。它体长13米，身高5.85米，肩膀高4.3米，体重约9 000千克,为杂食性恐龙。恐手龙个子很高，脑袋小，口中没有牙齿，吻部非常像鸭子的喙，脖子细长，身体粗壮。恐手龙前肢巨大，长达2.5米，指爪长25厘米，每一个指尖都生有尖锐、呈钩状的指甲（图4-4）。

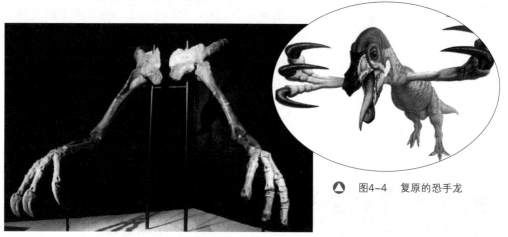

△ 图4-4　复原的恐手龙

△ 图4-3　恐手龙前肢骨化石

原角龙（*Protoceratops*，1923） 在希腊文意为"第一个有角的脸"，属鸟臀目角龙亚目恐龙，模式种为安氏原角龙。生存于晚白垩世，在蒙古国被发现（图4-5）。原角龙是一类小型四足恐龙，为草食性动物。原角龙的头颅骨有大型喙状嘴、四对洞孔，头部后方有大型头盾，没有角，嘴鼻部很像鹦鹉嘴龙。原角龙身长约1.8米，肩膀高度0.6米，成年原角龙的体重约180千克（图4-6）。高度集中的大批标本，显示原角龙是群居动物。

高吻龙（*Altirhinus*，1998） 是鸟臀目鸟脚亚目鸭嘴龙超科下的一个属，生活于距今1.25亿~1亿年前早白垩世，在蒙古国被发现（图4-7）。高吻龙为双足行走的草食性恐龙，但在摄食时可以四足站立，整个身体长约8米，单是头颅骨就有0.76米长，口鼻部宽，鼻端上有一个明显的高拱，高吻龙因此得名（图4-8）。

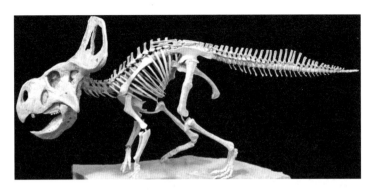

◀ 图4-5　装架的原角龙

◀ 图4-6　复原的原角龙

▲ 图4-7　装架的高吻龙

▲ 图4-8　复原的高吻龙

特暴龙（*Tarbosaurus*，1955） 意为"令人害怕的蜥蜴"，属于蜥臀目兽脚亚目暴龙科下的一属恐龙，模式种为勇士特暴龙，又名勇猛特暴龙（图4-9）。生存于距今7 000万~6 500万年前晚白垩世，在蒙古和中国被发现。勇士特暴龙是一种大型恐龙，最长可达12米，最重7.5吨。和近亲相比，特暴龙吻部较窄，身体很粗壮（图4-10）。

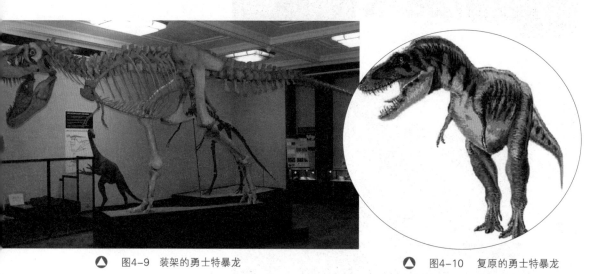

△ 图4-9　装架的勇士特暴龙　　　　　　△ 图4-10　复原的勇士特暴龙

——地学知识窗——

恐龙会游泳吗

恐龙习惯在陆地上生活，但并不是说它们就是"旱鸭子"，完全不能下水，而是像现生的许多陆生动物一样，在迁移时，在逃避敌害时，或者在闲暇时，也会到水中去。蜥脚类恐龙在逃避肉食龙的追捕时，能进入河湖之中躲避，它们有很长的脖子，深水也淹不了它们。游泳时，它们前脚向前迈进，后脚蹬水。雷龙在游泳时留下的脚印化石就是证据。鸭嘴龙脚上有蹼，尾巴扁平，无疑是天生的游泳高手。依靠尾巴的左右摆动，它们可以在水中游得很快。这一招是它逃避霸王龙捕食的有效办法。即便是捕食性的肉食龙，也不是完全不能下水，有足迹化石说明，有的肉食龙在追逐猎物时也能到水中，但比起它们在陆地上来说就笨拙多了。

极龙（*Ultrasaurus*, 1983） 又名"特级超龙"，属于蜥臀目恐龙，由金港墨命名的一个新属。极龙生存于距今1.1亿~1亿年前的早白垩世，在韩国被发现。极龙是最高的恐龙之一，抬起头高达17米；也是最重的恐龙之一，体重可达100吨（图4-11）。

韩国角龙（*Koreaceratops*, 2010）学名意为"来自韩国的长角的脸"，属于鸟臀目，模式种为华城韩国角龙。生存于距今1.12亿~0.99亿年前的早白垩世晚期，被发现于朝鲜半岛。韩国角龙体长1.5~1.8米，体重27~45千克，是一种体形较小的恐龙。从外形上看，韩国角龙与常见的鹦鹉嘴龙有几分相似，不过还具有许多独有的特征。韩国角龙的脑袋较大，嘴巴是一个像鹦鹉喙一样的坚硬嘴喙，面颊较宽，颅后的项盾结构初步发育，脑袋较大。韩国角龙的尾非常特别，像鳝鱼的尾一样。据其推测它们可能会长时间地待在水中，并用大尾巴游泳（图4-12）。

▲ 图4-11 复原的极龙

◀ 图4-12 复原的华城韩国角龙

韩国龙（*Koreanosaurus*，2011） 为鸟臀目鸟脚亚目恐龙的一属。2010年科学家在韩国南部海岸白垩纪晚期的地层中发现并命名为宝城韩国龙。"Koreanosaurus"意为"韩国的蜥蜴"，种名则是指化石发现处的宝城郡。这种恐龙为小型食草类，体长约为1米，颈椎修长，肩胛乌喙骨和肱骨长而巨大，后肢相对较短（图4-13）。

◀ 图4-13 复原的宝城韩国龙

贾巴尔普尔龙（*Jubbulpuria*，1932） 为蜥臀目兽脚亚目恐龙的一属，模式种为细贾巴尔普尔龙，种名在拉丁文意为"修长的"。生活在白垩纪晚期，在印度被发现。贾巴尔普尔龙是一种小型掠食动物，身长约1.2米，臀部长约0.5米，体重相当轻（图4-14）。

▲ 图4-14 复原的贾巴尔普尔龙

胜王龙（*Rajasaurus*, 2003） 是蜥臀目兽脚亚目阿贝力龙科的一属，模式种为纳巴达胜王龙。胜王龙生存于白垩纪晚期，在印度被发现。胜王龙是一种体形中等的肉食性恐龙，身长约8.5米，头部拥有独特的额角（图4-15）。

伊希斯龙（*Isisaurus*, 2003） 是蜥臀目蜥脚亚目南极龙科恐龙的一属，模式种是柯氏伊希斯龙。生存于晚白垩世，在印度被发现。伊希斯龙为蜥脚类食草恐龙，头小，尾长，颈部较短而且是垂直的，前肢很长，身长约18米，体重约14吨（图4-16）。

图4-16 复原的伊希斯龙

图4-15 复原的胜王龙

诗琳通浦阳龙（*Phuwiangosaurus sirindhornae*，1994） 为大型的蜥脚类恐龙，归入纳摩盖特龙科。诗琳通浦阳龙的上、下颌骨长着棒状的牙齿，牙齿集中于上、下颌的前部，有6个愈合的荐椎，颈椎和背椎有发育的气囊构造，神经弓和棘上的板状结构发育，体长约15米（图4-17）。

图4-17 复原的诗琳通浦阳龙

发现于非洲的恐龙

非洲的恐龙化石产地有80余处，并且有许多恐龙属种在当时震惊了世界。

玛君龙（*Majungasaurus*，1955）又译玛宗格龙，意为"马达加斯加的蜥蜴"，是蜥臀目兽脚亚目阿贝力龙科的一个属，模式种为凹齿玛君龙。它们生存于距今7 000万~6 500万年前的白垩纪末期，在马达加斯加被发现。玛君龙是一种中等体形的二足掠食恐龙，拥有短口鼻，平均体长为7米，有一些成年大个体身长可达8米，平均体重达1 200千克（图4-18、4-19）。

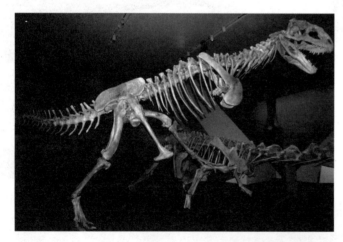

◀ 图4-18　装架的玛君龙

▲ 图4-19　复原的玛君龙

大椎龙（*Massospondylus*, 1854） 又名巨椎龙，属名在希腊文中意为"巨大的脊椎"，模式种为刀背大椎龙，是原蜥脚亚目大椎龙科下的大型草食性蜥脚类恐龙，生活在距今2亿~1.83亿年前的早侏罗世。在南非发现的大椎龙胚胎化石（图4-20）是世界上发现最早的恐龙胚胎化石，胚胎完好地保存于蛋化石中。胚胎长约20厘米，四足，前肢相对较长，脑袋异常大，与身体不成比例。推断成体长约5米，脑袋相对很小，颈长，主要依靠两条腿行走（图4-21）。

图4-20　大椎龙胚胎化石

图4-21　复原的大椎龙

莱索托龙（*Lesothosaurus*, 1978） 属名意思为"莱索托的蜥蜴"，是鸟臀目恐龙的一个属。它生活于早侏罗世，在南非的莱索托被发现。莱索托龙小巧玲珑，身长不到1米，体重不到10千克（图4-22）。莱索托龙是一种小型、二足草食性恐龙，个头小。曾在一个洞穴中，发现两个个体挤在一起，推断它们可能有夏眠的行为。莱索托龙在进食时保持着高度警觉的状态，不时地抬头四处张望，以防

图4-22　复原的莱索托龙

食肉恐龙的袭击。

坦桑尼亚蛮龙（*Torvosaurus Tanzania*，2012） 属于兽脚亚目恐龙，生活在距今约1.45亿年前的侏罗纪末期，在坦桑尼亚被发现。化石只有一颗巨大的牙齿，齿冠达到了15.5厘米，是迄今为止发现的最长的食肉恐龙和陆地食肉动物的牙齿，刷新了生物界的纪录。根据牙齿推算，其体形达到了惊人的14.2米长，重12.2吨，超过了鲨齿龙、南方巨兽龙等其他巨型食肉龙，最大个体体重仅次于棘龙和霸王龙（图4-23）。

△ 图4-23　复原的坦桑尼亚蛮龙

并合踝龙（*Syntarsus*，1969） 又名坚足龙或合踝龙，意为"接合的跗骨"，属于蜥臀目兽脚亚目腔骨龙科恐龙的一个属，模式种为津巴布韦合踝龙。生活于晚三叠世—早侏罗世，在津巴布韦被发现。并合踝龙是一种小型恐龙，体态均匀，长约3米，重约32千克。合踝龙拥有修长健壮的身体、尖利的长嘴和锯齿般的细牙、细长的颈部和粗大的尾巴，前、后足有3只锋利的尖爪，都给这种恐龙增添了恐怖的元素（图4-24）。它们可能是夜行动物，眼睛很大，像两只电灯泡。在黑夜，它们能成群捕猎，中空的骨架让它们健步如飞，任何小动物都无法逃脱它们的魔掌。它们不放过任何到手的美味，包括同类的幼崽儿。它们是中生代的豺狼，无论哪种生物见到它们，都会第一时间退避三舍。

🔺 图4-24 复原的并合踝龙

潮汐龙（*Paralititan*, 2001） 是蜥臀目蜥脚亚目泰坦巨龙类恐龙的一个属，模式种是罗氏潮汐龙，意为"恩斯特·斯特莫的潮汐巨人族"（图4-25）。它们生活于距今1.46亿~0.65亿年间的白垩纪，在埃及撒哈拉沙漠的巴哈利亚绿洲被发现。潮汐龙的肱骨长达1.69米，身长约26米，比已知的白垩纪蜥脚类恐龙还要长，体重有75~80吨，是当时所发现最巨大的恐龙之一。潮汐龙是第一种被证实存活在红树林生态环境的恐龙。

棘龙（*Spinosaurus*, 1915） 意思为"有棘的蜥蜴"，为蜥臀目兽脚亚目棘龙科恐龙的一个属，模式种为埃及棘龙。主要生存于距今1.44亿~0.65亿万年前的白垩纪时期，在非洲被发现，分布于摩洛

🔻 图4-25 复原的罗氏潮汐龙

哥、阿尔及利亚、利比亚、埃及、突尼斯等地。棘龙体长12~19米，高3.7~4.6米，体重4~23吨，是当时已知最大的食肉恐龙之一。棘龙的背部有明显的长棘，是由脊椎骨的神经棘延长而成，推断生前长棘之间有皮肤联结，形成一个巨大帆状物。对于帆状物的功能，科学家们已作出许多不同的推测，包含调节体温、储存脂肪、散发热量、吸引异性、威胁对手、吸引猎物等（图4-26、4-27）。

△ 图4-26　装架的棘龙

△ 图4-27　复原的棘龙

鲨齿龙（*Carcharodontosaurus*，1931）　又名望齿龙、噬人鲨龙，含义是"像噬人鲨的蜥蜴"，模式种为撒哈拉鲨齿龙，属于兽脚亚目鲨齿龙科，生活于距今1亿~0.93亿年前的白垩纪。鲨齿龙在埃及、阿尔及利亚和摩洛哥等地被发现，是一种巨大的肉食性恐龙，是目前发现的最大的兽脚亚目和食肉恐龙之一。成年个体可达12.5米长，最大甚至达到14.1米长，体重为6~11.5吨。体形仅次于棘龙、霸王龙、蛮龙和马普龙，是第五大食肉恐龙。鲨齿龙拥有巨大而长的头颅骨（图4-28）、极其锋利类似鲨鱼的牙齿、大而酷似骷髅眼睛的眶前孔、短小的前肢、瘦瘦的躯干和微短的后肢（图4-29）。

三角洲奔龙（*Deltadromeus*，1996）　意为"三角洲奔跑者"，为蜥臀目兽脚亚目恐龙的一个属，模式种为敏捷三角洲奔龙。它们生活于距今9 900万~9 300万年前的晚白垩世，在北非被发现。三角洲奔龙为肉食性恐龙，后肢强壮但瘦长，是一种迅速致命的猎食动物。最长可达13.3米，体重约7.5吨（图4-30、4-31）。

图4-28 鲨齿龙的头骨结构

图4-29 复原的鲨齿龙

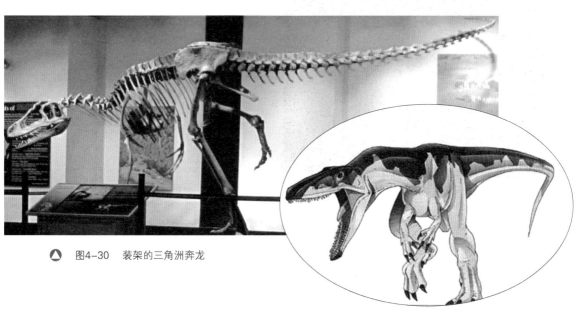

图4-30 装架的三角洲奔龙

图4-31 复原的三角洲奔龙

发现于欧洲的恐龙

欧洲的恐龙化石产地主要分布在英国、法国、德国等地。最早发现的恐龙化石就位于英国南部的苏塞克斯郡。

禽龙（*Iguanodon*, 1825） 意为"鬣蜥的牙齿"，属于鸟臀目鸟脚亚目的禽龙类（图4-32）。它们主要生存于距今1.4亿~1.2亿年前的白垩纪早期。化石产地主要分布于欧洲的比利时、英国、德国、西班牙以及法国等。禽龙是一种大型鸟脚类恐龙，身长9~10米，高4~5米，前手拇指有一尖爪，可能用来抵抗掠食者（图4-33）。

▲ 图4-32 装架的禽龙

▲ 图4-33 复原的禽龙

重爪龙（*Baryonyx*, 1986） 原意为"坚实的利爪"，为蜥臀目兽脚亚目恐龙的一个属，模式种为沃克氏重爪龙。它们生活在距今1.3亿~1.25亿年前的早白垩世，在英国、西班牙、尼日尔等国被发现。重爪龙为食肉类恐龙，以前肢有大的爪而得名，体长约10米，高约3.35米，体重约4 000千克。重爪龙头部扁长，口中长满细齿，前肢强壮，有3根强有力的手指，特别是拇指，粗壮巨大，有一个超过30厘米长的钩爪，嘴和牙齿也类似于鳄鱼（图4-34、4-35）。有趣的是

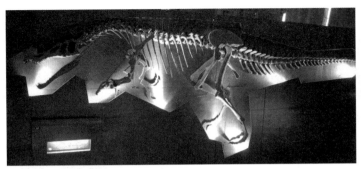

△ 图4-34 装架的重爪龙

△ 图4-35 复原的重爪龙

它可能是以吃鱼为主食，因为在它的胃部发现有超过1米长的鱼骨骼。

多刺甲龙（*Polacanthus*，1881）又名钉背龙，为鸟臀目甲龙科恐龙的一个属，模式种为福氏多刺甲龙。生存于距今1.32亿~1.12亿年前的早白垩世，在英国被发现。多刺甲龙体长4.5米，高1米，体重1~2吨，以低矮的蕨类等植物为食（图4-36）。

火盗龙（*Pyroraptor*，2000） 其名称的含义为"火的盗贼"，属于蜥臀目兽脚亚目驰龙科恐龙的一个属，模式种为奥林匹斯火盗龙。它们生活在白垩纪晚期，在欧洲被发现。火盗龙是一种长着羽毛的、与鸟类似的肉食近鸟类恐龙。这种恐龙是欧洲发现的第一种盗龙类，与它的家族其他成员一样，火盗龙拥有无比锐利的牙齿与爪子，可能群体捕猎，也可能靠吃腐肉为生，就像现代的秃鹫一样。火盗龙身长约2.7米，体重7千克（图4-37）。

图4-37 复原的火盗龙

图4-36 复原的多刺甲龙

板龙（*Plateosaurus*, 1837） 意为"平板的爬行动物"，为蜥臀目蜥脚亚目板龙科下的一个属，模式种为恩氏板龙。是生存于2.1亿年前晚三叠世的古老恐龙，发现于欧洲，主要分布在德国南部、法国、瑞士等国。板龙为大型草食性恐龙，以高大植被为食。板龙体长6~8米，身高3.6米，体重5吨左右。板龙头细小，口中有叶状齿，颈长、尾长、躯体粗大，后肢粗长，前肢短小，有5个指头，拇指有大爪，爪能自由活动，用利爪赶走敌人，也能抓摘食物。笨而大的板龙很可能用四肢行走。有些科学家认为，它们喜欢群体活动，一起在树丛中寻找食物（图4-38、4-39）。

图4-38 装架的板龙

图4-39 复原的板龙

似鹈鹕龙（*Pelecanimimus*, 1994） 意为"鹈鹕模仿者"，为蜥臀目兽脚亚目恐龙的一个属，为似鸟龙类恐龙，模式种为多锯似鹈鹕龙。生存于早白垩世，发现于西班牙。似鹈鹕龙是一种小型恐龙，身长2~2.5米。它们的头颅骨长而狭窄，头颅骨长度是高度的4.5倍。似鹈鹕龙在似鸟龙类中的独特之处在于它们的众多牙齿，它们拥有大约220颗非常小型的牙齿，其中，7颗位于前上颌骨，大约30颗位于上颌骨，75颗位于齿骨，是目前牙齿最多的兽脚类恐龙（图4-40）。

欧爪牙龙（*Euronychodon*, 1991）属于蜥臀目兽脚亚目恐龙的一个属，模式种为葡萄牙欧爪牙龙。它们生活于距今9 000万~8 000万前的晚白垩世，在欧洲被发现。化石仅有3颗牙齿。

◀ 图4-40 复原的似鹈鹕龙

发现于美洲的恐龙

美洲发现的恐龙化石不但数量多，而且种类也比较丰富。其中，在南美洲的恐龙化石产地就有100多处。除了发现有许多大型的蜥脚类恐龙化石外，还发现了许多凶猛的肉食性兽脚类恐龙化石。

波塞东龙（*Sauroposeidon*, 2000） 又名海神龙，属于蜥臀目蜥脚亚目。生存于距今约为1.1亿年前的早白垩世，发现于墨西哥湾。波塞东龙是一种大型蜥脚类恐龙，为目前已知最高的恐龙，高约17米，约是6层楼高，而身长接近30米（图4-41）。在某方面，波塞东龙的体格类似现代长颈鹿。体重为50~60吨。

🔺 图4-41 复原的波塞东龙与人的体形比较

屿峡龙（*Labocania*, 1974） 西班牙语为"岛、岛屿、海峡、水道、沟"，为蜥臀目兽脚亚目暴龙超科恐龙的一个属，模式种为反常屿峡龙。生存于7 000万年前的晚白垩世，在墨西哥下加利福尼亚州被发现。屿峡龙可能是一种中型肉食性恐龙，约有6米长，体重约1.5吨（图4-42）。

——地学知识窗——

恐龙的寿命有多长

在现生动物中，爬行动物的寿命较长，尤其是其中的龟可达200岁以上（据报道我国发现了2 000~3 000岁的龟）。鸟类也在高寿之列。相反，哺乳动物相形见绌，其寿命相对较短。

一些科学家在研究了一些恐龙骨骼的生长环后发现，这些恐龙死亡时的年龄为120岁。然而，还没有证据表明它们是否是在颐养天年后自己慢慢老死的。许多恐龙死于事故，老年恐龙、幼年恐龙和病残恐龙是强壮肉食龙的主要猎食对象。因此，120岁并不是恐龙高寿的年龄。排除非正常死亡的因素，恐龙活到200岁也许不成问题。它们可能是除龟以外寿命最长的动物。

🔻 图4-42 复原的屿峡龙

艾伯塔龙（*Albertosaurus*, 1905） 又名亚伯达龙、阿尔伯脱龙、阿尔伯它龙、亚伯拖龙，是蜥臀目兽脚亚目暴龙科恐龙的一个属，模式种为肉食艾伯塔龙，这个学名的意思是"肉食者"。它们生存于距今7 000万年前的晚白垩世，在北美洲加拿大的艾伯塔省被发现。艾伯塔龙是双足的猎食恐龙，身长约9米，身高3米左右，体重约3.5吨，头部较大，牙齿锐利，小型前肢上有两根手指（图4-43、4-44）。

▽ 图4-44 复原的艾伯塔龙

▲ 图4-43 装架的艾伯塔龙

蛇发女怪龙（*Gorgosaurus*, 1914） 又名魔鬼龙或戈尔冈龙，属名在古希腊文中意为"凶猛的蜥蜴"，为蜥臀目兽脚亚目暴龙科恐龙的一个属，模式种为平衡蛇发女怪龙。它们生活于距今8 000万~7 300万年前的晚白垩世，在加拿大被发现。蛇发女怪龙是双足的肉食性恐龙，是一种顶级掠食动物，成体可达7~8米长，体重达2.5吨,有很多锋利的牙齿，细小前肢上长有两指（图4-45、4-46）。

▲ 图4-45 装架的蛇发女怪龙

▲ 图4-46　复原的蛇发女怪龙

达斯布雷龙（*Daspletosaurus*，1970）　又名恶霸龙、惧龙，为蜥臀目兽脚亚目暴龙科恐龙的一个属，模式种为强健达斯布雷龙。它们生活于距今7 700万~7 400万年前的白垩纪晚期，在北美洲西部被发现。达斯布雷龙是双足猎食动物，有着很多尖锐的大型牙齿和小型的前肢，一般身长最大可达10米，平均体重约4吨，最大的个体可超过6吨重，体形与现今的亚洲象相当（图4-47、4-48）。它们极少群居，大多是零零散散地分布在各处。它们有时住在山林中的洞穴里，有时在浓密的丛林中活动，以突袭的方式猎捕食物。

▼ 图4-47　装架的达斯布雷龙

▼ 图4-48　复原的达斯布雷龙

伤齿龙（*Troodon*, 1856） 为蜥臀目兽脚亚目伤齿龙科恐龙的一个属，模式种为美丽伤齿龙。它们生存于距今7 500万~6 500万年前的晚白垩世，在北美洲被发现。伤齿龙是种小型肉食性恐龙，身长约2米，高约1米，重达60千克。伤齿龙拥有非常修长的四肢，可以快速奔跑。它的长手臂可以像鸟类一样向后折起。它们的第二脚趾上拥有大型、可缩回的镰刀状趾爪。伤齿龙拥有大型眼睛，在夜间捕获哺乳动物为食。它们轻型头颅骨的脑囊类似鸵鸟的脑囊，因此，伤齿龙被认为是最聪明和高度进化的恐龙之一（图4-49）。

图4-49 复原的伤齿龙

——地学知识窗——

恐龙都是呆头呆脑的吗

有学者用计算恐龙"脑量商"的办法来测量恐龙的智力水平。脑量商是根据恐龙的体重、脑量，并与现生爬行动物作比较，按一定公式计算出来的。被测的恐龙脑量商越小，就越蠢笨；脑量商越大，就越聪明。

蜥脚类恐龙：脑容量0.2 ~ 0.35，行动迟缓，笨手笨脚；甲龙和剑龙：脑容量0.52 ~ 0.56，敌害来犯，能用尾锤和尾刺反击；角龙：脑容量0.7 ~ 0.9，较有心计，面对强敌，敢于针锋相对，拼死一搏；鸭嘴龙：脑容量0.85 ~ 1.50，最聪明的植食性恐龙，嗅觉灵，视力强，非常机警，发现敌害能迅速躲避。

大型肉食龙：脑容量1 ~ 2，天生比植食性动物聪明，捕猎为生；小型肉食性恐龙中的恐爪龙：脑容量大于5，比霸王龙机敏灵巧，动作格外凶猛神速；恐爪龙的后裔窄爪龙是恐龙家族中智力超群的角色。

恐龙的智力各不相同，但它们都能很好地适应中生代的环境。

似鸸鹋龙（*Dromiceiomimus*, 1972） 是蜥臀目兽脚亚目似鸟龙科恐龙的一个属，模式种为似鸸鹋龙。它们生活在距今8 000万~6 500万年前的晚白垩世，在1920年被发现于加拿大艾伯塔省。似鸸鹋龙是一种双足恐龙，身长约为3.5米，体重100~150千克。具有无齿喙嘴，背部较短，前肢修长适合快速奔跑，有发达的脑部及眼睛。对其食性的定论目前仍在争议中（图4-50）。

图4-50 复原的似鸸鹋龙

似鸵龙（*Struthiomimus*, 1917） 意为"模仿鸵鸟的恐龙"，属于蜥臀目兽脚亚目似鸟龙科恐龙的一个属，模式种为高似鸵龙。它们生存于距今7 600万~7 000万年前的晚白垩世，在加拿大亚伯达省、美国新泽西州等地被发现。似鸵龙是一种类似鸵鸟的长腿的二足恐龙，身长约4.3米，臀部高度为1.4米，重量约150千克。长长的尾巴达到3.5米，占了整个身长的一半还多。当似鸵龙飞跑的时候，它的尾巴直直地伸展开来，起到保持平衡的作用。似鸵龙脚上长着平直的、狭窄的爪子。这些爪子把在地上就好像跑鞋上的钉子，以防全速奔跑追赶猎物时脚下打滑（图4-51、4-52）。

图4-51 装架的似鸵龙

◀ 图4-52　复原的似鸵龙

纤手龙（*Chirostenotes*, 1924） 意为"狭窄的手"，是蜥臀目兽脚亚目近颌龙科恐龙的一个属，模式种为纤瘦纤手龙。它们生活于距今约8 000万年前的晚白垩世，在加拿大艾伯塔省被发现。纤手龙是杂食性或草食性动物，长约2.9米，臀部高达0.91米，体重约为50千克。具有可折叠的长手臂、强壮的指爪、修长的脚趾和像鹤鸵的高圆顶冠（图4-53、4-54）。

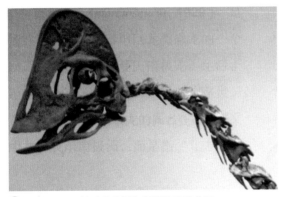

▲ 图4-53　纤手龙头部和颈部的骨骼化石

▲ 图4-54　复原的纤手龙

驰龙（*Dromaeosaurus*, 1922） 又名奔龙，是蜥臀目兽脚亚目的一个属，模式种为艾伯塔驰龙（图4-55）。生活于距今7 600万~7 200万年前的晚白垩世，在加拿大艾伯塔省和美国西部被发现。驰龙的样子古怪，身体只有1米长，体重约5千克，两条腿很细，脚趾上长着镰刀形的爪，有成束的棒状骨，使尾巴变得僵硬。不同寻常的是，它从头到脚都覆盖着松软的绒毛和原始羽毛。这种全身长满羽毛生物的出现引起了科学家长达几十年的关于鸟类是否直接从恐龙进化而来的激烈争论。

图4-55 复原的艾伯塔驰龙

包头龙（*Euoplocephalus*,1910） 又名优头甲龙，是鸟臀目甲龙科恐龙的一个属。它们生活于距今8 500万~6 500万年前的晚白垩世，在北美洲的加拿大、美国等地被发现。包头龙是甲龙科下最巨大的恐龙之一。甲龙类为身披重甲的食素恐龙，包头龙更是发展到连眼睑上都披有甲板，真正地将整个头部都包裹起来。它全长6米，尾巴像一根坚实的棍子，尾端还有沉重的骨锤，遇到大型食肉恐龙的袭击时，它会奋力挥动尾棍，用力抽打袭击者的腿部。它的四肢很灵活，可能会用来挖掘坑洞（图4-56、4-57）。

图4-56 装架的包头龙

图4-57 复原的包头龙

——地学知识窗——

恐龙的心脏

在美国南达科他州发现的恐龙心脏化石表明，恐龙的心脏分为四个腔，并与一根主动脉血管相连。这样的心脏与爬行动物结构比较简单的心脏大不相同，而与鸟类和哺乳动物的心脏相似，显示出恐龙生前具有独立的体循环和肺循环。这说明恐龙具有与鸟类和哺乳类相似的高效率的血液循环，可以作为热血恐龙观点的又一证据。

纤角龙（*Leptoceratops*，1914） 又叫"隐角龙"，在希腊文中意为"有纤细角的面孔"，是鸟臀目角龙亚目纤角龙科恐龙的一个属，模式种为纤细纤角龙。它们生存于距今8 300万～7 500万年前的晚白垩世，在北加拿大、美国怀俄明州被发现。纤角龙与它们的近亲三角龙、牛角龙生活在同一时代，为小型植食性恐龙，身长约2米，体重68~200千克（图4-58、4-59）。

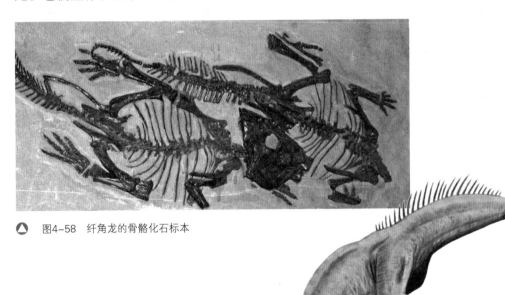

图4-58 纤角龙的骨骼化石标本

图4-59 复原的纤角龙

开角龙（*Chasmosaurus*, 1914） 又叫加斯莫龙、隙龙、裂头龙或裂角龙，拉丁文的意思为"开口的、裂开的爬行动物"，属鸟臀目角龙科恐龙的一个属，模式种为贝氏开角龙（图4-60）。它们生活于距今7 600万~7 000万年前的晚白垩世，在北美洲的加拿大被发现。开角龙为植食性恐龙，外观与三角龙极为相似，但体形较小，拥有比三角龙更夸张华丽的颈部盾板，但是其盾板是中空的，因此，科学家认为其盾板不够坚固，应该是用来威吓敌人或用来炫耀求偶的。开角龙体长大约4.8米，体重可达2吨，具有直径5厘米圆形的瘤状突起分布于背部（图4-61）。

▲ 图4-60 装架的贝氏开角龙

▲ 图4-61 复原的开角龙

戟龙（*Styracosaurus*, 1913） 又名刺盾角龙，希腊文意为"有尖刺的蜥蜴"，是鸟臀目角龙亚目角龙科的一个属，模式种为亚伯达戟龙。生存于距今7 650万~7 500万年前，在加拿大的艾伯塔和美国的蒙大拿州被发现。戟龙是一种大型草食性恐龙，身长5.5米，高约1.8米，重约3吨。戟龙的大型鼻角与头盾，是恐龙之中最特殊的面部装饰物之一（图4-62、4-63）。

▲ 图4-62　装架的戟龙

▲ 图4-63　复原的戟龙

暴龙（*Tyrannosaurus*，1905）　又名霸王龙，名字的意思是"残暴的蜥蜴王"，属蜥臀目兽脚亚目恐龙的一个属，模式种为雷克斯暴龙。生存于距今6 850万~6 550万年白垩纪末期的马斯特里赫特阶，是中生年代最晚的恐龙种类之一。暴龙化石产地主要分布于北美洲的美国、加拿大以及墨西哥，暴龙是史上体形最为粗壮、庞大的食肉恐龙之一。暴龙平均体长11.5米，最长达14.6米；平均臀部高度3.95米，最高臀高5.2米；平均个体头距离地面4.4米；平均体重9吨，最重14.85吨。霸王龙拥有非常长的后肢和很大的骨盆，前肢非常细小，长度只有后肢的22%，一般个体前肢的长度仅有80厘米左右，是用来平衡它们巨大的头部的。它们的上颌宽下颌窄，咬合的时候上、下颌牙施加的力不完全相对，有利于咬断骨骼；牙齿成圆锥状类似香蕉，适合压碎骨头，而绝大部分肉食恐龙的牙齿则多用于穿刺和切割（图4-64、4-65）。

▽ 图4-64　装架的正在交配的暴龙

▽ 图4-65　复原的暴龙

双脊龙（*Dilophosaurus*, 1970） 又名双棘龙、双嵴龙或双冠龙，是蜥臀目兽脚亚目恐龙的一个属，模式种为月面谷双脊龙。生活于距今1.97亿~1.83亿年前的早侏罗世，在美国被发现。双脊龙的学名是来自古希腊文的"双冠"，因它的头顶上长着两片大大的骨冠。双脊龙是一种食腐肉的恐龙，长达6米，站立时头部高约2.4米，体重约500千克。前肢短小，后肢较长，善于奔跑，鼻嘴前端特别狭窄、柔软而灵活，可以从矮树丛中或石头缝里将那些细小的蜥蜴或其他小型动物衔出来吃掉。口中长满利齿，也能捕杀一些较大型的食草恐龙（图4-66、4-67）。

图4-66 装架的双脊龙

图4-67 复原的双脊龙

蛮龙（*Torvosaurus*, 1972） 拉丁文的意思是"野蛮的蜥蜴"，为蜥臀目兽脚亚目斑龙科恐龙的一个属，模式种为谭氏蛮龙。生活于距今1.5亿~1.45亿年前的晚侏罗世，在美国被发现。谭氏蛮龙为肉食性恐龙，体长10~13米，高约5米，体重2~3吨（图4-68、4-69）。

图4-68 装架的蛮龙

图4-69　复原的蛮龙

异特龙（*Allosaurus*, 1877） 又名跃龙或异龙，是蜥臀目兽脚亚目异特龙科恐龙的一个属，模式种为脆弱异特龙。生存于距今1.55亿~1.35亿年前的晚侏罗世—早白垩世，在北美洲被发现。异特龙是一种大型二足掠食性食肉恐龙，身长约8米，最大10米，体重1.5~3.3吨。异特龙具有大型的头颅骨，上有大型洞孔，可减轻重量，眼睛上方拥有角冠。

头颅骨由几块分开的骨头组成，骨头之间有可活动关节，进食时颌部可下上张开，然后再左右撑开吞下食物；下颌可以前后滑动；嘴部拥有数十颗大型、锐利、弯曲的牙齿；后肢强壮粗大，前肢较小，手部有3指，指爪大而弯曲；尾巴长而重，可平衡身体和头部。异特龙的骨架与其他兽脚亚目恐龙一样，呈现出类似鸟类的轻巧中空特征（图4-70、4-71）。

图4-70　装架的异特龙

图4-71　复原的异特龙

三角龙（*Triceratops*, 1889） 为鸟臀目角龙下目角龙科恐龙的一个属，模式种为恐怖三角龙（图4-72）。生活于距今6 700万~6 500万年前的晚白垩世晚期，在北美洲被发现。三角龙是最晚出现的恐龙之一，其化石经常被作为晚白垩世的代表化石。三角龙是一种中等大小的草食性四足恐龙，长7.9~10米，臀部高度为2.9~3米，体重6.1~12吨。它们有非常大的头盾以及3根角状物（图4-73）。

◀ 图4-72　复原的三角龙

▲ 图4-73　装架的三角龙

龙王龙（*Dracorex*，2006）是鸟臀目厚头龙科恐龙的一个属，模式种是霍格沃茨龙王龙，学名意为"霍格沃茨的龙王"。生存于距今7 000万~6 500万年前的晚白垩世，在北美洲被发现。龙王龙是草食性动物，体长1.5~4米，高1.5~2米，体重约500千克，头颅骨上具有尖角及肿块，口鼻部较长，头颅骨扁平（图4-74、4-75）。

图4-74 装架的龙王龙

图4-75 复原的龙王龙

肿头龙（*Pachycephalosaurus*，1943）又名厚头龙，希腊文意为"有厚头的蜥蜴"，是鸟臀目厚头龙科恐龙的一个属，模式种为怀俄明厚头龙。生存于距今7 000万~6 500万年前的晚白垩世马斯特里赫特期，在北美洲被发现。肿头龙是草食性或杂食性二足恐龙，身长4.5~5米，重量可达2吨。具有厚颅顶，头顶肿大，好像一个巨瘤；后肢长，前肢短小，用两条粗壮的后腿走路；脸部与口部饰以角质或骨质突起的棘状物或肿瘤；而头颅背部覆以突起的构造，头骨顶部有出奇的肿厚、隆起，厚度达25厘米。不过肿头龙的厚头部并不能帮助它抵抗掠食者的袭击。它有敏锐的嗅觉和视觉，当发现敌人时，会快速逃离。肿头龙喜欢群居生活，主要生活在山地的内陆平原和沙漠中（图4-76、4-77）。

图4-76 装架的肿头龙

图4-77 复原的肿头龙

　　甲龙（*Ankylosaurus*, 1908） 意为"坚固的蜥蜴"，为鸟臀目甲龙亚目甲龙科恐龙的一个属，模式种是大面甲龙。生活在距今6 800万~6 550万年前的晚白垩世末期，在北美洲的美国、加拿大等地被发现。甲龙是一类以植物为食、全身披着铠甲的恐龙，一般长5~6米，高约2米，体重约4吨，身体上部覆盖着厚厚的鳞片，背上有两排刺，头顶有一对角；有一个像高尔夫球棒一样的尾巴，尾巴非常脆弱，连接处只有5厘米宽。它的脖子很短，脑袋宽宽的；四只腿较短，后肢比前肢长，身体笨重，只能在地上缓慢爬行，看上去有点像坦克，所以又有人把它叫作"坦克龙"。甲龙强有力的尾端由几块甲板组成，是防御敌害的有效武器（图4-78、4-79）。

图4-78 装架的甲龙

图4-79 复原的甲龙

超龙（*Supersaurus*, 1985） 又名超级龙，意为"超级蜥蜴"，是蜥臀目蜥脚亚目梁龙科恐龙的一个属（图4-80）。生活于距今1.56亿~1.45亿年前的晚侏罗世，在美国被发现。超龙为长颈、长尾、小头的植食性恐龙，体态类似迷惑龙，身长可达27~40米，是最长的恐龙之一，而体重可达40~70吨（图4-81）。近年研究发现，超龙可能是迷惑龙的近亲。

▲ 图4-80　装架的超龙

▲ 图4-81　复原的超龙

南方巨兽龙（*Giganotosaurus*, 1995） 又叫巨兽龙，属于蜥臀目兽脚亚目鲨齿龙科恐龙的一个属，生存在距今1亿~0.95亿年前的白垩纪中晚期，在阿根廷被发现。南方巨兽龙最大个体长13.5米，高3.81米，重达9.2吨，头颅骨长度为175厘米，是目前发现的最大的兽脚亚目恐龙之一，也是南美洲所发现的体形第四大的食肉恐龙。南方巨兽龙嘴巴硕大而狭长，长着一口很锋利但单薄的长牙，最大齿冠长9.9厘米；拥有很可怕的咬合力、很快的撕咬速度以及如同餐刀一样锋利的牙齿（图4-82、4-83）。

▲ 图4-82　装架的南方巨兽龙

▲ 图4-83　复原的南方巨兽龙

始盗龙（*Eoraptor*, 1993） 意为"黎明的掠夺者"，属于蜥臀目兽脚亚目恐龙的一个属，模式种为月亮谷始盗龙。生存于约2.3亿年前的三叠纪晚期，在南美洲阿根廷西北部被发现。始盗龙为小型肉食性恐龙，体长约1米，重约10千克，大小与狗差不多。它是趾行动物，以后肢支撑身体；前肢长度为后肢长度的一半，具5趾，其中最长的三指都有爪，可能是用来捕捉猎物。始盗龙可能主要吃小型动物。它能够快速地短跑，当捕捉猎物后，会用指爪及牙齿撕开猎物。同时，它拥有适于食肉及食草的叶状齿，所以也有可能是杂食性动物（图4-84、4-85）。

图4-84　装架的始盗龙

图4-85　复原的始盗龙

施氏无畏龙（*Dreadnoughtus schrani*, 2005） 属于蜥臀目蜥脚亚目迷惑龙（雷龙）类恐龙，生活于距今约7 700万年前的晚白垩世，在南美洲阿根廷西南部巴塔哥尼亚被发现。施氏无畏龙身长约26米，重达65吨，其重量相当于12只非洲象，或者是霸王龙体重的7倍以上，比一架波音737飞机还重。据考古学家分析，这种恐龙被认为是迄今为止最大的陆地动物之一（图4-86）。更令人惊奇的是，骨骼化石证据表明，这头65吨重的恐龙死亡时，并未完全发育成熟。

🔺 图4-86 复原的施氏无畏龙

阿马加龙（*Amargasaurus*, 1991） 属蜥臀目蜥脚亚目恐龙的一个属，生活在距今1.3亿~1.2亿年前的早白垩世，在南美洲阿根廷内乌肯省被发现。阿马加龙是一种很奇怪的小型、四足草食性恐龙，背上有两排鬃毛状的长棘，这些棘在颈部最高，并且成对排列。这个排列一直沿着背部，到臀部逐渐减少高度。阿马加龙体长9~10米（图4-87、4-88）。

安第斯龙（*Andesaurus*, 1991） 属于蜥臀目蜥脚亚目恐龙的一个属，生存于距今1亿~0.97亿年的前白垩纪，在南美洲安第斯山脉被发现。安第斯龙是原始泰坦巨龙类恐龙，为大型植食性恐龙。它有着较小的头部、长颈部及与颈部长度相近的尾部（图4-89）。

▲ 图4-87　装架的阿马加龙

▲ 图4-88　复原的阿马加龙

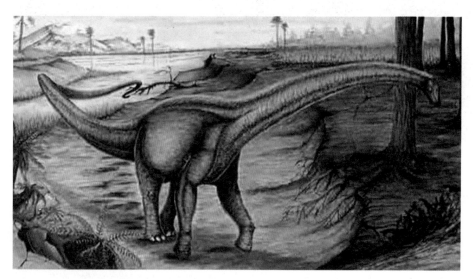

▲ 图4-89　复原的安第斯龙

阿根廷龙（*Argentinosaurus*, 1993）　拉丁文意为"在阿根廷发现的恐龙"，属于蜥臀目蜥脚亚目南极龙科恐龙的一个属。生存于1亿~0.93亿年前的白垩纪晚期。阿根廷龙为大型植食性恐龙，体长33~38米，重约73吨，是目前发现的最大的陆地恐龙之一（图4-90、4-91）。

⊽ 图4-90　复原的阿根廷龙

△ 图4-91　装架的阿根廷龙

阿贝力龙（*Abelisaurus*, 1985）　意思是"阿贝力的蜥蜴"，是为了纪念发现该标本的罗伯特·阿贝力而命名的。阿贝力龙为蜥臀目兽脚亚目阿贝力龙科恐龙的一个属，模式种为科马约阿贝力龙。生活在距今约8 000万年前的白垩纪晚期，在南美洲阿根廷被发现。阿贝力龙是两足的肉食性恐龙，身长可达10米，体重约4吨，阿贝力龙身材中等，有着短小的前肢，头部和身体的比例较小（图4-92）。

▲ 图4-92 复原的阿贝力龙

奥卡龙（*Aucasaurus*, 2002） 是蜥臀目兽脚亚目阿贝力龙科下的一个属，模式种为加里多氏奥卡龙。生活在晚白垩世，在南美洲阿根廷被发现。在阿根廷发现的这具化石惊人地完整，只缺少尾巴末端，完整度高达96%，是目前最完整的阿贝力龙科恐龙骨骼化石。奥卡龙的最独特之处是头部有非角状的肿块。奥卡龙臀高1.7米，体长5米，体重750千克，体型与大个体成年北极熊差不多。奥卡龙的主要特征为身体粗壮、腿长、头颅骨短而高（图4-93、4-94）。

激龙（*Irritator*, 1996） 是蜥臀目兽脚亚目棘龙科恐龙的一个属。生存于距今1.1亿~1亿年前的早白垩世，在巴西被发现。模式种是查林杰激龙，又译挑战者激龙。属名在拉丁文意为"令人激动的"或"令人烦恼的"，以形容科学家发现化石被人工修改过的心情；种名则是为纪念阿瑟·柯南·道尔的小说《失落的世界》中

▲ 图4-93 装架的奥卡龙

▲ 图4-94 复原的奥卡龙

的角色查林杰教授。激龙是一种双足、大型的肉食性恐龙，身长约8.5米，身高约2.8米，重约2.5吨。激龙的颚部与牙齿形态类似现代鳄鱼，头顶有个形状独特的头冠。激龙是棘龙、似鳄龙的近亲，这类恐龙可能以鱼类为食（图4-95、4-96）。

▲ 图4-95 装架的激龙

▼ 图4-96 复原的激龙

南极龙（*Antarctosaurus*, 1929 ） 是蜥臀目蜥脚亚目泰坦巨龙类恐龙的一个属，模式种为威施曼氏南极龙。生活于距今8 300万~8 000万年前的晚白垩世，在巴西被发现。南极龙的属名在古希腊文中并非表示南极洲，而是指"北方的相反"，因为它是在阿根廷被发现的，而阿根廷与南极洲的名字都具有"北方的相反"的意思。南极龙是一种大型的四足草食性恐龙，身长约18米,体重约34吨,有着长颈及长尾巴（图4-97）。

◀ 图4-97 复原的南极龙

发现于大洋洲的恐龙

大洋洲发现的恐龙化石相对较少，主要分布在澳大利亚。

木他龙（*Muttaburrasaurus*，1981）属于鸟臀目鸟脚亚目下的禽龙类恐龙，模式种为兰登氏木他龙。生活在白垩纪早期，在澳大利亚昆士兰省被发现。木他龙与禽龙十分相似，都是大型的草食性四足恐龙，并可用后肢支撑站立。木他龙中间的三个指头融合在一起而成蹄状，拇指上有明显的爪。它还有一个加大的、中空的会向上鼓起的口鼻部，用来发声及求偶炫耀。木他龙的食量非常惊人，体重有4.5吨，每天能进食500千克（图4-98、4-99）。

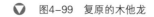

图4-99 复原的木他龙

图4-98 装架的木他龙

敏迷龙（*Minmi*,1980） 又叫"珉米龙"，属于鸟臀目甲龙类恐龙，模式种为椎旁敏迷龙。生活在距今1.15亿年前的早百垩世晚期，在澳大利亚昆士兰省南部被发现。敏迷龙是南半球发现的第一条甲龙，身披骨板，长有骨刺，用四足行走，以叶状小牙啮食植物（图4-100）。

图4-100　复原的敏迷龙

——地学知识窗——

恐龙的奔跑速度有多快

科学家对恐龙行走和奔跑的速度进行了研究，得出的结果虽然不尽相同，但也给我们提供了一些重要信息。

庞大的蜥脚类恐龙用四足行走，速度较慢，为每小时不超过3.2~6.5千米；四足行走的剑龙和甲龙行走速度稍快，为每小时6~8千米；两足行走的鸭嘴龙每小时能走18.5千米，若遇"追兵"，它能跑得像马一样快；四足行走的角龙是跑得最快的植食性恐龙，若遇到危险，在短时间内能以32~48千米的时速冲刺；肉食性恐龙大都是短跑高手，时速可达40千米。两足行走的虚骨龙类，身轻腿长，是恐龙中的"飞毛腿"，时速能达80千米。

快达龙（*Qantassaurus*, 1999） 以澳大利亚航空的简称"Qantas"为名，属于鸟臀目鸟脚亚目类恐龙，模式种为无畏快达龙。生存于距今约1.15亿年前，在澳大利亚被发现。快达龙的体型与小型灰袋鼠相当，它们拥有大型眼睛，以在极地的黑夜中保持良好视力。快达龙是一种二足的草食性恐龙，长约1.8米，高约1米。它的大腿很短但小腿长，推测它是迅速的奔跑者（图4-101、4-102）。

△ 图4-101 装架的快达龙

△ 图4-102 复原的快达龙

中国恐龙荟萃

　　我国的恐龙化石非常丰富，发现的恐龙骨骼化石、恐龙足迹化石和

恐龙蛋化石多达近300个种。云南的禄丰龙化石、四川的蜀龙化石、辽

宁带羽毛的恐龙化石、河南西峡的恐龙蛋化石、山东的大型鸭嘴龙化石

以及恐龙足迹化石等世界闻名。

我国的恐龙动物群

国的恐龙化石数量丰富、属种繁多，截至2014年，全世界共发现恐龙化石近800个属，我国就有近200个属，位居世界第一。目前，除台湾、香港、澳门、青海、福建、海南、上海和天津以外，其余各省（自治区、直辖市）都先后发现了恐龙化石。已发现并命名的恐龙化石种类近300种。其中，骨骼化石达108属132种（表5-1），恐龙足迹化石68种（表5-2），恐龙蛋化石达8科19属65种（表5-3）。从晚三叠世到白垩纪末期，我国共发现了5个恐龙动物群、6个恐龙足迹群

表5-1			我国的恐龙骨骼化石属种					
恐龙骨骼化石	兽脚类	蜥脚类	原蜥脚类	鸟脚类	角龙类	甲龙类	剑龙类	合计
属	44	21	7	14	7	8	7	108
种	53	32	8	15	8	8	8	132

表5-2			我国的恐龙足迹化石属种				
恐龙足迹化石	兽脚类	蜥脚类	原蜥脚类	鸟脚类	虚骨龙类	大型肉食龙类	合计
属	3	2	1	11	13	11	41
种	3	6		12	24	17	63
未定种	2		2		1		5

表5-3			我国的恐龙蛋化石属种					
恐龙蛋化石	长形蛋科	圆形蛋科	椭圆形蛋科	丛状蛋科	树枝蛋科	蜂窝蛋科	棱柱形蛋科	巨型长形蛋科	合计
属	4	4	2	1	2	4	1	1	19
种	12	14	7	1	14	12	4	1	65

和4个恐龙蛋化石群。

恐龙在三叠纪晚期出现并快速地扩散，到早侏罗世，泛大陆上分散着几乎是清一色以原蜥脚类为主体的恐龙动物群。到了中侏罗世，随着泛大陆裂张，古地中海扩展，海进侵入大陆，原蜥脚类突然消失，恐龙动物贫乏，造成恐龙的第一次衰减。

在中—晚侏罗世之交，海水开始退出大陆，这时期在中国古陆上广布几个大型湖盆：古四川湖盆（古西蜀湖）、陕甘宁湖盆（古庆阳湖）、古准噶尔盆地、燕辽（辽西）凹地。它们沉积形成了这一时期的岩层，岩层中产有中—晚侏罗世的恐龙化石。原始的剑龙类、甲龙类、角龙类，甚至鸟类都可能在这一时期开始由祖先型衍变出来。这些化石反映出了恐龙的第二次兴起。这些新生成员出现后，经过一段时间的繁衍扩散，开始由起源地（中亚地区）向外迁移，在白垩纪后期到达美洲大陆。

早白垩世植物界开始了更新换代，有花植物逐渐占据主体。植物界的更替引起了动物界的变更，植食性恐龙中的剑龙类消失，大型的蜥脚龙类和禽龙类锐减，退出了历史舞台，让位于鸭嘴龙类和角龙类。显花植物的昌盛引发吸蜜昆虫的繁荣，促进了鸟类的进化发展。我国从辽宁、河北、内蒙古、甘肃直到新疆都发现有早白垩世热河生物群化石，其中恐龙为最重要的成员之一，迄今已记录了9个带羽毛的恐龙属种。

白垩纪晚期是恐龙生活的最后一个时代，恐龙家族极其繁盛，种类丰富，鸟脚类统治着地球。

我国晚三叠世到早侏罗世恐龙动物群主要以原蜥脚类为主，并出现了以禄丰龙为代表的蜥脚类；中—晚侏罗世大型蜥脚类恐龙达到繁盛，鸟脚类恐龙大量出现；白垩纪主要以鹦鹉嘴龙、鸭嘴龙为代表的恐龙群最为繁盛。

从晚三叠世到晚白垩世，恐龙在我国地史分布连续，大致可以总结为以下五个动物群：

晚三叠世—早侏罗世恐龙动物群

这个时期，在我国西南地区的西藏、云南、四川、贵州等地发现了最早的恐龙动物群——禄丰龙动物群。其中，以蜥脚类恐龙禄丰龙属的许氏禄丰龙和巨型禄丰龙为代表，还包含了虚骨龙类、鸟脚类、兽脚类恐龙等。云南省自1938年首次在禄丰县发现恐龙化石以来，仅在禄丰境内发现的恐龙骨架就达120多条，可以说禄丰龙动物群世界闻名。

禄丰龙（*Lufengosaurus*，1941）
为蜥臀目原蜥脚亚目板龙科恐龙的一个

属，生活于距今约1.9亿年前的早侏罗世，在云南省禄丰地区被发现。模式种许氏禄丰龙（图5-1）是由我国古脊椎动物学的开拓者和奠基人、卓越的地质古生物学家杨钟健在抗日战争时期（1938年）发现、研究命名的，种名是献给德国的导师许耐教授。它是中国人发现、发掘、研究和装架展出的第一条恐龙，也是亚洲首次发现的板龙。许氏禄丰龙是一个中等大小的素食性恐龙，大小与现代的马差不多，但有一条长尾巴，从头至尾长约6米，站立时可高达2米多。它头小，吻部尖锐，鼻孔正三角状，眼前孔短小，眼眶较大；颈较长，颈椎和背椎粗壮；前肢短，后肢长而且粗壮，前、后足均有5趾，前、后足第一爪均发达。用后足站立行走，尾巴拖在地上可以起到平衡的作用。在觅食或休息时也可前肢着地。它常漫步于湖泊和沼泽岸边，边行边食身旁的细枝嫩叶，偶尔也吞食一些自投罗网的小昆虫（图5-2）。

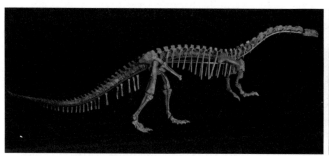

图5-1　装架的许氏禄丰龙

图5-2　复原的许氏禄丰龙

云南龙（*Yunnanosaurus*，1942）　是蜥臀目蜥脚亚目恐龙的一个属，模式种是黄氏云南龙（图5-3、5-4），1942年由杨钟健命名。云南龙生活在侏罗纪早期，在云南被发现。为了纪念杨钟健，2007年他的同事叙述命名了云南龙的另外一个种杨氏云南龙。

云南龙是一种植食性恐龙，四足行走，长着一条长长的脖子，身长7~13米。下颌略呈圆筒状，具小型的齿列，牙齿极为怪异，呈筒状，边缘扁平，像凿子一般。牙齿尖端沿一定角度磨蚀形成尖锐的咀嚼面，类似于蜥脚类恐龙的齿型。

▲ 图5-3 装架的黄氏云南龙　　　　　▲ 图5-4 复原的黄氏云南龙

——地学知识窗——

恐龙的视力如何

　　判断动物的视力好不好，大体有两个标准：一是眼睛大小，眼睛大视力好，眼睛小视力差。二是两眼的位置，植食性动物的眼睛长在头部两侧，双眼距离很大，这类动物的视野很广阔，能水平环视，可及时发现前面、侧面甚至身后面的敌人；肉食性动物的双眼距离较近，且长在头部的前面，视域有一部分重叠，看物体立体感强，判断目标的距离准确迅速，利于捕食猎物。根据此原理认为：鸭嘴龙有一双很大的眼睛，眼睛周围有一圈能活动的骨质的巩膜板，其作用如同照相机的光圈，眼的位置又很靠后，所以，鸭嘴龙的视力相当好，以便及时发现和躲避霸王龙；蜥脚类恐龙的视力比鸭嘴龙要差一些；剑龙和甲龙的视力更差，可能是恐龙家族的"近视眼"。而肉食性恐龙，如永川龙、霸王龙则具有敏锐的视力。

卢沟龙（*Lukousaurus*，1938） 属于蜥臀目兽脚亚目虚骨龙恐龙的一个属。生活于距今约2亿年前的晚三叠世，在云南禄丰被发现。该化石并非来自卢沟桥，而是著名地质古生物学家杨钟健教授于抗日战争期间发现并研究的。那时正值战争的烽火弥漫全国，炎黄子孙横遭欺凌，杨老为了表达自己的忧国之情，寄望由卢沟桥事变开始的抗战胜利，遂把这种新发现的动物取名为卢沟龙。卢沟龙为肉食性恐龙，大小与鸵鸟差不多，站起来高约1.5米，有一个尖而小的头骨，头的两侧长着一对大而尖的眼睛，眼眶较高，视力很好，有一个细长而灵活的脖子，嘴巴较尖，内有小锥子似的牙齿，前肢较短，用来捕捉食物（图5-5）。

▲ 图5-5 复原的卢沟龙

中侏罗世恐龙动物群

中侏罗世以四川盆地的蜀龙—峨眉龙动物群最为引人瞩目，以属种多、数量丰富、保存完好著称于世。四川盆地是侏罗纪恐龙的重要埋藏地，特别是自贡地区大山铺恐龙动物群（**蜀龙动物群**）填补了世界恐龙演化史上从原始到进步的中间阶段某些缺失的环节，具有重要的科学价值。

据不完全统计，西南地区四川上沙溪庙组中已经发现的中侏罗世的蜥脚类恐龙有东坡秀龙、巴山酋龙、天府峨眉龙、荣

——地学知识窗——

恐龙的尾巴有什么作用

恐龙的尾巴同其他陆生四足动物一样，其基本功能是在陆地上行走和奔跑时起平衡身体的作用。有的植食性恐龙的尾巴呈鞭状，或者在尾巴上生有尾刺、尾锤等结构，这类尾巴还可作为武器，具有防御敌害的作用。

县峨眉龙、李氏蜀龙、董氏大山铺龙、釜溪自贡龙、张氏大安龙、石碑珙县龙、罗泉峨嵋龙、开江巴蜀龙、毛氏峨眉龙等。在新疆发现的中侏罗世的蜥脚类恐龙有苏氏巧龙、戈壁克拉美丽龙。伴随这些蜥脚类的,还有鸟脚类、兽脚类、剑龙类、虚骨龙类等恐龙化石。

蜀龙(*Shunosaurus*,1983) 是蜥臀目原蜥脚亚目恐龙的一个属,模式种是李氏蜀龙(图5-6)。生存于距今约1.7亿年前的中侏罗世,在四川省被发现。蜀龙的属名来自于四川省的古名"蜀"。李氏蜀龙由董枝明、张奕宏、周世武等人在1983年叙述、命名。李氏蜀龙是一种中等体型的植食性恐龙,成年个体可达12米。其主要特点是头中等大小,牙齿勺状,颈子较短,尾巴较长,最末3~5个尾椎愈合膨大形成尾锤,可以用来击退敌人。前肢短于后肢,四足行走。主要生活在河畔湖滨地带,以柔嫩多汁的植物为食(图5-7)。

△ 图5-6 装架的李氏蜀龙

△ 图5-7 复原的蜀龙

峨眉龙（*Omeisaurus*，1939） 属蜥臀目蜥脚亚目马门溪龙科恐龙的一个属，模式种为荣县峨眉龙。生活于中侏罗世。荣县峨眉龙发现于四川省自贡市荣县，1936年由杨钟健等共同描述命名。峨眉龙体长15米，背高3米，体重约20吨。标本存放于四川自贡恐龙博物馆。天府峨眉龙（图5-8）为这个属的另外一著名种，化石发现于四川省自贡地区峨嵋山，体长21米，高10米，背高3米，体重约30吨（图5-9）。峨嵋龙是一种体形较大的恐龙，牙齿粗大，前缘有锯齿，前肢较短而粗壮，前肢第一指有爪，后肢第一、二、三趾上也有爪。喜群体生活，主要生活在内陆湖泊的边缘，以植物为食。

🔺 图5-8 装架的天府峨眉龙

🔺 图5-9 复原的天府峨眉龙

酋龙（*Datousaurus*，1984） 又名大头龙，是蜥臀目蜥脚亚目恐龙的一个属，模式种为巴山酋龙（图5-10）。生活在侏罗纪中期。巴山酋龙发现于四川盆地大山铺地区。酋龙是一种大型而原始的蜥脚类恐龙，具有一个硕大厚重的脑袋（图5-11），牙齿很大呈铲状，颈椎硕长且具有分叉的神经棘分布在其后段，一直延续到背脊椎的前段。背脊椎呈平凹型，而尾椎则呈双平型（图5-12）。

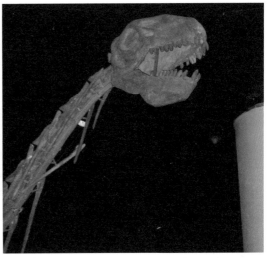

图5-10　装架的巴山酋龙

图5-11　巴山酋龙的头骨化石

图5-12　复原的酋龙

华阳龙（*Huayangosaurus*，1982）又叫太白华阳龙，属鸟臀目剑龙科恐龙的一个属，生活于距今约1.65亿年前的中侏罗世，是我国发现的最早的剑龙。华阳龙的名称来自于发现地四川省的别名"华阳"。华阳龙身长约4.5米，体重1~4吨。背部从脖子到尾巴中部排列着左右对称的两排心形的剑板，是用来防御外敌的独特武器。华阳龙身材矮小，只能以河边绿色茂密的矮小蕨类植物为食（图5-13、5-14）。

△ 图5-13 装架的华阳龙

△ 图5-14 复原的华阳龙

气龙（*Gasosaurus*，1985） 属蜥臀目兽脚亚目恐龙的一个属，生活在中侏罗世，在四川地区被发现。建设气龙（图5-15）为气龙属的一个种，是一种小型的原始食肉性恐龙，体长4米，其主要特点是头大而轻盈，侧扁尖锐的牙齿呈匕首状，颈短，尾巴长，前肢短小灵活，后肢强壮有力，趾端长有尖锐的利爪，善于两足快速奔跑捕食其他动物，是四川大山铺恐龙动物群中恐怖的捕猎者（图5-16）。

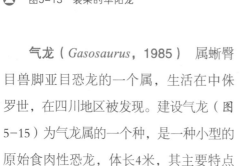

△ 图5-15 装架的建设气龙

△ 图5-16 复原的气龙

单脊龙（*Monolophosaurus*，1993）属名意为"有单冠饰的蜥蜴"，意指它们头颅骨上的单一冠饰。单嵴龙是蜥臀目兽脚亚目下一属恐龙，模式种为将军单脊龙，又称江氏单嵴龙（图5-17）。生活在侏罗纪中期。1980年，由新疆石油管理局地调处王指首先发现，1987年在新疆将军庙被挖掘。它是一种中等大小的兽脚类恐龙，头颅硕大，下颌瘦长，头上有一个奇特的头饰，头骨中并有一个脊状突，故称单脊龙（图5-18）。它身长约6米，高2米，头有67厘米长（图5-19）。据传说，将军庙是为纪念已故的一位江姓将军而建，所以为把种名赠予江将军，故称江氏单脊龙。

图5-17 装架的江氏单脊龙　　图5-18 江氏单脊龙的头骨化石　　图5-19 复原的单脊龙

晚侏罗世恐龙动物群

在晚侏罗世，蜥脚类恐龙的地理分布最广，覆盖了我国的大部分地区，以西南地区和西北地区数量最多。此时的蜥脚类恐龙数量多，但是品种较为单一。四川盆地的马门溪龙动物群为这个时代的代表，主要有杨氏马门溪龙、建设马门溪龙、安岳马门溪龙等，另外，还包括兽脚类、剑龙类、龟鳖类、鱼类和鳄类等。

在新疆，除发现晚侏罗世大型蜥脚类恐龙中的加马门溪龙外，还发现了大量的兽脚类恐龙，且品种丰富。在西藏和重庆亦发现部分剑龙类化石。

马门溪龙（*Mamenchisaurus*，1954）意为"在马门溪发现的恐龙"，为蜥臀目蜥脚亚目马门溪龙科恐龙的一个属，模式种为建设马门溪龙。生活在距今约1.45亿年前的晚侏罗世，在四川、新疆、甘肃等地均有发现。马门溪龙的第一具化石是1952年在四川省宜宾的马鸣溪渡口旁的公路建设工地上被发现的。1954年被我国古生物学家杨钟健命名为马鸣溪龙。由于研究人员的口音问题，被误作为马门溪龙。因为马门溪龙的化石是在建设工地中出土，因此，杨钟健将其命名为建设马门溪龙。它身长22~30米，颈部长11~14米，是发现时的已知颈部最长的恐龙。马门溪龙为四足行走的植食性恐龙，从头到尾可长达52米，身高约为23.5米，体重达26吨，颈部可长达14米，是长颈鹿的3倍还要多。马门溪龙拥有世界上最长的脖子。它们生活在生长着红木和红杉树的广袤、茂密的森林里（图5-20、5-21）。

合川马门溪龙生活在距今约1.4亿年前的侏罗纪晚期，是马门溪龙最典型的种之一。1957年，被四川省石油勘探队在四川合川县太和镇附近发现，由四川省博物馆挖掘，仅化石就装了40箱。由杨钟健教授等人研究、命名后，标本存放在成都理工大学（原成都地质学院）陈列馆中。合川马门溪龙为大型植食性蜥脚类恐龙，身体长22米，高3.5米，头颈抬起来可达11米高，体重有三四十吨，仿佛是一座大吊车。如此巨大且较为完整的化石，在我国尚属首次发现，当时其不仅是亚洲最大的恐龙，而且也是世界上最大的恐龙之一。因此，合川马门溪龙有"动物王国中的巨人"之称。合川马门溪龙的躯体十分笨重，头却很小，长不过半米。这么小的脑子要指挥全身活动十分困难，好在在骨盆的脊椎骨上，还有一个比脑子大的神经球，也可称"后脑"，起着中继站的作用，它与小小的脑子联合起来共同支配全身运动（图5-22、5-23）。

图5-21 复原的马门溪龙

图5-20 装架的马门溪龙

图5-22 装架的合川马门溪龙

图5-23 复原的合川马门溪龙

嘉陵龙（*Chialingosaurus*，1959）是鸟臀目剑龙科恐龙的一个属，模式种为关氏嘉陵龙。生活在距今约1.6亿年前的晚侏罗世，在四川被发现，它的名字是取自我国南部的嘉陵江。关氏嘉陵龙由地质学家关氏1957年采集，杨钟健1959年命名。嘉陵龙是最早的剑龙之一，草食性动物，身长可以达4米，体重约150千克（图5-24）。科学家推测嘉陵龙可能以当时最丰富的蕨类及苏铁科为食物。

图5-24 复原的嘉陵龙

沱江龙（*Tuojiangosaurus*，1977）属鸟臀目剑龙科恐龙的一个属，模式种为多棘沱江龙。生活在距今约1.5亿年前的侏罗纪晚期，在四川的沱江地区被发现，与同时代生活在北美洲的剑龙有着极其密切的亲缘关系。1974年，重庆市博物馆的工作人员在四川省自贡市附近的五家挖掘，由我国古生物学家董枝明教授研究。这是亚洲发现的第一具完整的剑龙科恐龙骨架。沱江龙为植食性恐龙，身长约7米，高约2米，从脖子、背脊到尾部，生长着15对三角形的背板，比剑龙的背板还要尖利，其功能是用于防御来犯之敌。在短而强健的尾巴末端，还有两对向上扬起的利刺，可以用尾巴猛击所有敢于靠近的肉食性敌人。沱江龙的背板是用来采集阳光的，它们能像太阳能板那样吸收热量，当背板中血液的温度升高时，热量就会随着血液流遍全身，就像热水在暖气管道里面流动一样（图5-25、5-26）。

图5-25 沱江龙的骨骼结构

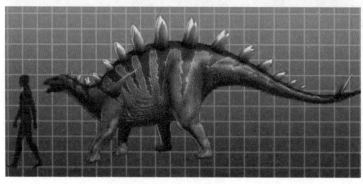

图5-26 复原的沱江龙

永川龙（*Yangchuanosaurus*，1978）为蜥臀目兽脚亚目异特龙超科恐龙的一个属，模式种为上游永川龙。生活在距今约1.45亿年前的晚侏罗世，因其标本首先在重庆市永川区发现而得名。永川龙为一种大型肉食性恐龙，它的头大而笨重，前肢相对短小，但前爪锋利，牙齿尖锐，善于在浅丘丛林之中奔跑。永川龙的性情异常凶猛，以捕捉其他植食性恐龙为食，其中就包括躯体巨大的蜥脚类恐龙。永川龙可以称得上是恐龙时代的"狮虎"，以凶猛残暴而称霸于侏罗纪（图5-27、5-28）。上游永川龙是其中的一种，其化石保存得非常完整，体长约7米，高3米，其中，头骨长82厘米，高50厘米。上游永川龙因发现于重庆永川的上游水库而得名。

🔺 图5-27　装架的永川龙

🔺 图5-28　复原的永川龙

🔺 图5-29　装架的甘氏四川龙

四川龙（*Szechuanosaurus*，1942）是蜥臀目兽脚亚目恐龙的一属。生存于侏罗纪晚期，在四川被发现。模式种为甘氏四川龙，由杨钟健在1942年命名。甘氏四川龙是一种中等个头的肉食性恐龙，体长约5米，头骨较大，具有尖锐的爪，它的牙齿呈匕首状，十分尖利，边缘有锯齿，便于撕裂猎物。它行动敏捷，常成群游荡在浅丘和湖泊的边缘，以植食性恐龙和其他动物为食（图5-29、5-30）。四川

图5-30　复原的甘氏四川龙

龙的外表有点像小型的异特龙，身长约8米，体重100~150千克。

中加马门溪龙（*Mamenchisaurus*，1994）　为蜥臀目蜥脚亚目马门溪龙科恐龙的一属。它们生活在侏罗纪晚期的东亚地区，种名是为纪念我国和加拿大科学家的成功合作，研究者定名为中加马门溪龙。中加马门溪龙是在准噶尔盆地东部将军庙附近发现的，身长达到30米，高10米，重约50吨，最大的一节颈椎有1.6米，颈肋长4米，为当时我国乃至整个亚洲最大的恐龙（图5-31、5-32）。

早白垩世恐龙动物群

白垩纪早期，恐龙由四足爬行的蜥脚类逐渐转变为以两足行走的兽脚类为主。化石主要分布在山东莒南、甘肃刘家峡、内蒙古鄂托克查布地区、辽宁朝阳等地。其中，20世纪90年代在辽西地区热河生物群中发现的带"羽毛"的兽脚类恐龙化石最引人瞩目。在新疆的乌尔禾地区发现了大量的脊椎动物化石，其中以准噶尔翼龙最丰富，杨钟健等称其为准噶尔翼龙动物群。

图5-31　装架的中加马门溪龙

图5-32　复原的中加马门溪龙

兰州龙（*Lanzhousaurus*，2005） 是鸟臀目鸟脚亚目恐龙的一个属，模式种为巨齿兰州龙。生活在早白垩世，在我国甘肃的兰州盆地被发现。巨齿兰州龙由甘肃省地矿局第三勘查院古生物研究中心的李大庆等于2002年发现；2005年，由尤海鲁、季强及李大庆描述、命名。兰州龙为四足行走或偶尔两足行走的鸟脚类恐龙，是目前世界上已知牙齿最大的植食性恐龙。它体长约10米，高约4.2米，头骨长度为体长的1/10，体重大约为5 500千克（图5-33、5-34）。

图5-33 装架的兰州龙

图5-34 复原的兰州龙

黄河巨龙（*Huanghetitan*，2006）属蜥臀目蜥脚亚目恐龙的一个属，模式种为刘家峡黄河巨龙（图5-35、5-36）。生活于早白垩世，在我国甘肃的兰州盆地被发现。属名意思是献给黄河。刘家峡黄河巨龙由甘肃省地矿局第三勘查院古生物研究中心的李大庆等于2004年发现；2006年，由尤海鲁、季强、李大庆描述、命名。刘家峡黄河巨龙以其臀部宽大和前肢较长为特征，是国内已知最"胖"的恐龙，也是世界发现保存完整、最高大的蜥脚类恐龙之一。其体长约20米，体重约35吨，荐椎不足半米高，却宽达1.1米，1.23米长的肩胛骨最宽处可以达到83厘米。另外一个非常著名的种为汝阳黄河巨龙，长约18米，高约8米，体重可达60吨（图5-37、5-38）。

▲ 图5-35 装架的刘家峡黄河巨龙

▲ 图5-36 复原的刘家峡黄河巨龙

▲ 图5-37 装架的汝阳黄河巨龙

▲ 图5-38 复原的汝阳黄河巨龙

马鬃龙（*Equijubus*，2003） 为鸟臀目鸟脚亚目禽龙科下恐龙的一属，模式种为诺曼马鬃龙。生活在早白垩世，在我国甘肃兰州盆地被发现（图5-39、5-40）。诺曼马鬃龙发现于我国甘肃省的马鬃山，2003年被描述、命名，种名是为纪念英国古生物学家大卫·诺曼（David B. Norman）而定。

▽ 图5-40　复原的马鬃龙

⬣ 图5-39　装架的马鬃龙

阿拉善龙（*Alxasaurus*，1993） 为蜥臀目兽脚亚目虚骨龙类阿拉善龙科恐龙的一个属，模式种为阿乐斯台阿拉善龙。生活在白垩纪早期，在我国新疆阿拉善地区被发现。阿拉善龙是迄今为止在亚洲发现的保存最完整的白垩纪早期兽脚类恐龙。阿拉善龙具有奇特的头骨和腰带，骨盆上三块骨头的排列方式既不像蜥臀目，也不像鸟臀目。它身长3.8米，站起来有1.5米高，重量估计为380千克，相当于一匹现代斑马的重量（图5-41、5-42）。

⬣ 图5-41　装架的阿拉善龙

图5-42　复原的阿拉善龙

南阳龙（*Nanyangosaurus*，2000）

属名意为"南阳的蜥蜴"，因发现于河南南阳而得名，是鸟臀目鸟脚亚目鸭嘴龙科恐龙的一个属，模式种是诸葛南阳龙。生活在白垩纪早期。诸葛南阳龙由徐星、赵喜进、董枝明等于1994年在河南省南阳市内乡县发现、命名。种名则是以三国时代人物诸葛亮为名，他出仕以前曾在南阳地区居住。南阳龙为中等体形的恐龙，全长4.5米，是禽龙类一个新的属种，即介于鸭嘴龙和禽龙之间的过渡时期的一种恐龙（图5-43、5-44、5-45）。

图5-43　装架的南阳龙

图5-44　复原的南阳龙

图5-45　诸葛南阳龙的
　　　　成长演化场景

汝阳龙（*Ruyangosaurus*，2009） 属蜥臀目蜥脚亚目安第斯龙科恐龙的一个属。生活在距今1.2亿年前的早白垩世。属名来源于正型标本的采集地点河南省汝阳县，模式种为巨型汝阳龙。巨型汝阳龙为四足植食性恐龙，体长38.1米，体宽3.3米，脖子长17米，体重可达130吨，相当于20头大象的重量，是目前世界上已知最粗壮、最重的恐龙（图5-46、5-47）。

▲ 图5-46 装架的巨型汝阳龙

▲ 图5-47 复原的巨型汝阳龙

江山龙（*Jiangshanosaurus*，2001） 是蜥臀目蜥脚亚目泰坦巨龙类恐龙的一个属，模式种为礼贤江山龙。生活在距今1.25亿~1亿年前的早白垩世。礼贤江山龙于1977年在浙江省江山市礼贤地方发掘，该化石保存有背椎、尾椎、肩胛骨、乌喙骨、股骨、耻骨、坐骨和肋骨等，完整度达90%。推测体长约22米（图5-48、5-49）。

▲ 图5-48 装架的礼贤江山龙

▲ 图5-49 复原的礼贤江山龙

原巴克龙（*Probactrosaurus*，1966）是鸟臀目鸟脚亚目禽龙科的一个属，模式种为戈壁原巴克龙。生活在白垩纪早期，在内蒙古地区被发现。该恐龙是鸭嘴龙类的祖先型。其中，戈壁原巴克龙和阿拉善原巴克龙是比较著名的两个种。原巴克龙为一种中型植食性恐龙，长约6米，高约4米，体重约1吨。它的前肢长着一根独特、尖锐、粗壮的拇指，可以用来自卫，更多的是用来抓破种子或果实（图5-50、5-51）。

🔺 图5-50　装架的原巴克龙

🔺 图5-51　复原的原巴克龙

——地学知识窗——

恐龙为什么要吃石头

　　古生物学家常在恐龙化石骨架的胃部或埋藏恐龙化石的岩层中发现被高度磨光的小石子，这些小石子被称为胃石，是恐龙生前吃进去的。恐龙囫囵吞下的食物不容易被消化，于是进化出了吞食小石头的习性。吃下去的石头长时期待在胃里，随着胃的蠕动，与食物反复搅拌摩擦，食物被磨碎了，石头也渐渐被磨光滑了。这与今天的鸟类啄食小石子的行为非常相似。

鹦鹉嘴龙（*Psittacosaurus*，1923）又译鹦鹉龙，在希腊文意为"鹦鹉蜥蜴"，是鸟臀目角龙亚目鹦鹉嘴龙科恐龙的一属，模式种为蒙古鹦鹉嘴龙（图5-52、5-53）。生存于距今1.3亿~1亿年前的早白垩世，在亚洲的中国、蒙古、泰国等均有发现。鹦鹉嘴龙是二足草食性恐龙，大小类似瞪羚，有高而强壮的喙状嘴，拥有锐利的牙齿，可用来切割坚硬的植物，但没有适合咀嚼或磨碎植物的牙齿，它们通过吞食胃石来协助磨碎消化系统中的食物。

⚠ 图5-52　蒙古鹦鹉嘴龙骨骼化石

⚠ 图5-53　复原的蒙古鹦鹉嘴龙

中华龙鸟（*Sinosauropteryx*，1996）是蜥臀目兽脚亚目虚骨龙类美颌龙科恐龙的一个属，模式种为原始中华龙鸟，生存于距今约1.4亿年前的早白垩世。原始中华龙鸟是在1996年由中国地质博物馆古生物学家季强等研究、命名的。该化石发现于辽宁北票四合屯，是热河生物群中被发现的第一件带羽毛的恐龙化石，也是世界上第一件保留有原始羽毛的兽脚类的恐龙化石，由此揭开了辽西热河生物群带羽毛恐龙研究的序幕。中华龙鸟为一种肉食恐龙，形体较小，长1米左右。化石保存了细丝状皮肤衍生物，头和脊柱背影的细丝状皮肤衍生物较为清

晰，腹部和四肢也有保存。这种衍生物没有飞翔功能，主要是为了保护皮肤和体温。中华龙鸟前肢粗短，爪钩锐利，后腿较长，适宜奔跑。中华龙鸟化石的发现是近100多年来恐龙化石研究史上最重要的发现之一，对研究鸟类起源及研究恐龙的生理、生态和演化都有不可估量的重要意义（图5-54、5-55）。

⚠ 图5-54　中华龙鸟化石

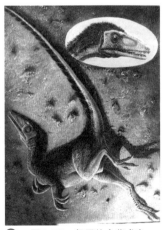

⚠ 图5-55　复原的中华龙鸟

帝龙（*Dilong*，2004） 借"帝龙"的汉语拼音，意为"恐龙中的帝王"，是蜥臀目兽脚亚目霸王龙（暴龙）类恐龙的一个属，模式种为奇异帝龙。生活在距今1.39亿~1.28亿年前的早白垩世，在我国辽宁被发现。奇异帝龙由中国科学院古脊椎动物与古人类研究所徐星和美国自然历史博物馆的马克·诺瑞尔等古生物学家于2004年发现。模式标本是一个几乎完整、部分关节仍连接的骨骼化石（图5-56）。帝龙形体较小，其幼年个体长约1.6米，成年个体一般长2米。羽毛帝龙是最早、最原始的暴龙超科之一，长有简易的原始羽毛，这些羽毛并不类似现今的鸟类羽毛，缺少了中央的羽轴，用作保暖而不是飞行（图5-57）。

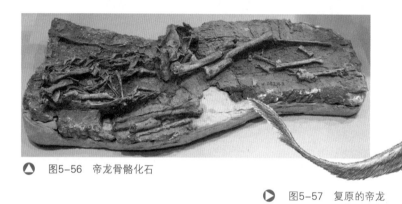

🔺 图5-56 帝龙骨骼化石

▶ 图5-57 复原的帝龙

神州龙（*Shenzhousaurus*，2003）是蜥臀目兽脚亚目似鸟龙类恐龙的一个属，模式种为东方神州龙。生活在早白垩世，在我国辽宁北票被发现。东方神州龙由南京大学地球科学系、美国芝加哥自然史博物馆、中国地质博物馆等单位研究。在辽西热河生物群发现的东方神州龙为一种原始的似鸟龙，其上、下颌都发育有牙齿，牙齿近叶状，无锯齿；第一掌骨短，坐骨直，肠骨后支弯。该类化石保存有胃石，暗示其食性为植食性（图5-58）。

🔺 图5-58 复原的神州龙

北票龙（*Beipiaosaurus*，1999） 是蜥臀目兽脚亚目镰刀龙类恐龙的一个属，模式种为意外北票龙。生活在距今约1.25亿年前的早白垩世，在我国辽宁北票地区被发现。1999年5月，徐星、唐治路和汪筱林在《Nature》杂志报道了他们所发现的这一种重要的兽脚类恐龙——北票龙。它全长2.2米，是一种长羽毛的两足行走的肉食恐龙，模式标本的皮肤痕迹显示北票龙的身体是由类似绒羽的羽毛所覆盖，就像中华龙鸟，但北票龙的羽毛较长，而且垂直于手臂（图5-59、5-60）。意外北票龙的发现解决了恐龙研究领域的一个富有争议的问题，那就是大多数食肉类恐龙是不是长毛的爬行动物。这一发现再次证实，绝不是所有的小型食肉类恐龙都像人们传统上认为的那样身披鳞片。

尾羽龙（*Caudipteryx*，1998） 也有人把它翻译成"尾羽鸟"，属于蜥臀目兽脚亚目窃蛋龙类尾羽龙科恐龙的一个属，模式种为邹氏羽尾龙。生活在晚侏罗世—早白垩世，在北美及亚洲地区被发现。另外一个比较著名的种为董氏尾羽鸟。化石都是发现于辽宁省北票地区，是在我国辽西发现的第二种带毛的恐龙（图5-61）。尾羽鸟的特征是头骨短而高，在颌骨上有气窝，嘴里牙齿退化，仅存在于前上颌；脖子较长，

🔺 图5-59 北票龙骨骼化石标本（A）和羽毛化石标本（B）

🔺 图5-60 复原的北票龙

身躯短而粗壮，特别是尾巴短，末端上长着一簇羽毛，羽毛呈扇形，羽片对称；后腿长，脚趾短，趾爪不甚弯曲，前肢较长，手指短，有抓握功能，前肢也附着有羽片对称的羽毛（图5-62、5-63）。羽片对称的羽毛在现代鸟类中表示不具飞行功能，所以，

它应是双足行走的一类恐龙。它也要借助胃石磨碎食物帮助消化。尾羽龙的发现在世界上首次为长期以来悬而未决的鸟类羽毛起源问题的研究提供了重要信息，这些发现表明羽毛的最初功能并非飞行，而是保暖或者吸引配偶等。

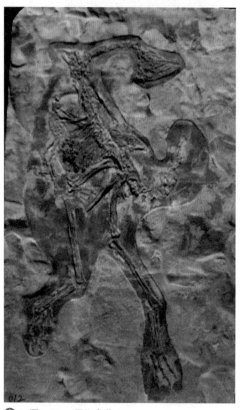

▲ 图5-61　尾羽龙化石

▲ 图5-62　装架的尾羽龙

◀ 图5-63　复原的尾羽龙

　　中国鸟龙（*Sinornithosaurus*，1999）　意为"中国的鸟蜥蜴"，是蜥臀目兽脚脚亚目驰龙科恐龙的一个属，模式种为千禧中国鸟龙。生活在距今约1.25亿年前，是在辽宁省发现的第五个有羽毛恐龙。千禧中国鸟龙是1999年由徐星、吴肖春和汪筱林在我国辽西北票发现、叙述并命名的。千禧中国鸟龙不仅是世界上已知保存最完整的驰龙类，而且保存了更为精美的绒毛状皮肤衍生构造（**图5-64**）。它们可以利用羽翼滑翔（**图5-65**）。这些皮肤衍生物是由多个毛状物组成的不同复合结构。它们代表了两种类型的鸟类羽毛特有结构：一种是多个毛状物在基部联合，组成一簇或一束；另一种是多个毛状物沿一个中轴排列成一个序列。由此得出结论，兽足类恐龙的毛状皮肤衍生物可能与鸟类的羽毛同源。千禧中国鸟龙是世界上第一种能够分泌毒液的恐龙。它演化出有毒腺体和长牙，并以鸟类等小型动物为食，像现在的蛇一样，将毒牙中的毒液注入猎物体内，从而有效麻痹猎物。

🔺 图5-64 千禧中国鸟龙化石（正模标本）

🔺 图5-65 复原的千禧中国鸟龙

小盗龙（*Microraptor*，2000） 意为"小型盗贼"，是蜥臀目兽脚亚目驰龙科恐龙的一个属，模式种为赵氏小盗龙。生活在距今1.3亿~1.26亿年前的早白垩世，在辽宁被发现。它的另外一个种是顾氏小盗龙，种名献给对我国中生代古生物研究做出杰出贡献的中科院院士顾知微先生。

顾氏小盗龙为一种小型兽脚类恐龙，身长不到1米，四肢和尾巴都发育羽毛组成羽翼，推测它们可用四肢的羽翼及长尾上的羽翼，从一棵树飞行到另外一棵树——这有点类似于今天鼯鼠的"飞行"方式。有专家认为，因其后肢羽毛长在胫骨一侧，这表明它的"后翼"不可能"拍打"，最多是滑翔（图5-66、5-67）。

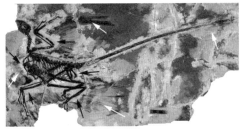

🔺 图5-66 顾氏小盗龙化石标本

🔺 图5-67 复原的顾氏小盗龙

中国猎龙（*Sinovenator*，2002） 意思是"来自中国的恐龙猎手"，是蜥臀目兽脚亚目伤齿龙科恐龙下的一属，模式种为张氏中国猎龙。生活在距今1.3亿~1.1亿年前的早白垩世，在北美洲和我国辽宁等地被发现。张氏中国猎龙是为了纪念带头进行"热河生物群综合研究"的中科院院士张弥曼女士。中、美、加三国学者在我国的"恐龙之乡"辽西发现了中国猎龙化石（图5-68）。虽然身长不足1米，但因为它的前肢已经演化成像鸟一样可以向两侧伸展的翅膀，身上具有从恐龙向鸟类演化的过渡特征，从而使它成为了"鸟类起源于恐龙"理论的又一重大证据。中国猎龙为一种肉食性小型恐龙，在它的脚趾构造上能看出恐龙向鸟类进化的痕迹——每只脚上有3趾，都长着长而锋利的鸟类形状的弯指甲，说明它非常凶猛（图5-69）。

🔺 图5-68 中国猎龙化石标本

🔺 图5-69 复原的中国猎龙

原始祖鸟（*Protarchaeopteryx*，1997） 是蜥臀目兽脚亚目恐龙的一个属，模式种为强壮原始祖鸟。生活在早白垩世，在辽宁被发现。1997年，我国著名的古生物学家季强博士在辽宁发现并命名了"强壮原始祖鸟"，因为该恐龙肢骨长而粗壮，原意为"粗壮的原始的始祖鸟"。但是强壮原始祖鸟比德国巴伐利亚州索伦霍芬始祖鸟要原始得多。强壮原始祖鸟为一种带羽毛的非鸟类的兽脚类恐龙，体型可能比始祖鸟还要大，肉食性，牙齿呈棒状，表面光滑不带锯齿，胸骨扁平。尾长，前肢较长，具3爪，第二指爪大。肠骨长大，耻骨粗壮且远端愈合。后肢长且粗壮。体羽长度近50毫米，羽轴粗短，尾翼极发育，尾翼长达150毫米，羽轴细长，羽枝纤细，对称的羽毛无法为原始祖鸟提供动力飞行。强壮原始祖鸟是热河生物群所发现的第二只长毛的兽足类恐龙（图5-70、5-71）。

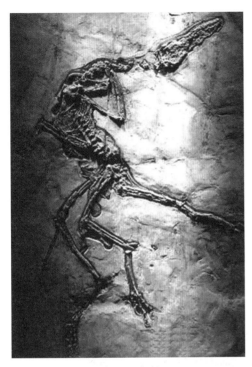

△ 图5-70 原始祖鸟化石标本

▽ 图5-71 复原的原始祖鸟

东北巨龙（*Dongbeititan*，2007） 是蜥臀目蜥脚亚目恐龙的一个属，模式种是董氏东北巨龙。生活在白垩纪早期，在我国辽宁省北票地区被发现。董氏东北巨龙是一种大型、四足的草食性恐龙，体长可达13米，体重达2吨以上（图5-72）。

◁ 图5-72 复原的东北巨龙

辽宁龙（*Liaoningosaurus*，2001）是鸟臀目甲龙科恐龙的一个属，属名意为"辽宁省的蜥蜴"，模式种是奇异辽宁龙。生活在白垩纪早期，在我国辽宁省被发现。奇异辽宁龙在2001年由徐星、汪筱琳、尤海鲁等人所叙述、命名。辽宁龙正模标本是一组完整的幼年个体骨骼，这个幼年骨骼呈关节未脱落的天然状态，约有34厘米长，是已知最小型的甲龙类化石。辽宁龙与其他甲龙的不同处是它的下颌仍保有外孔洞，可能仍保有眶前孔，这些可能是幼年个体的特征。辽宁龙幼年个体特征为：牙齿相对较大、前上颌骨仍具有牙齿、手掌和脚掌有长而锐利的指爪。最独特自衍征是梯形的胸骨，另一个独特的地方是腹部平板鳞甲，两块大型鳞甲覆盖腹部，周围小型鳞甲呈六角形及菱形，其他甲龙没有发现腹部鳞甲。肩膀处有小型三角形鳞甲，肩胛骨在生前可能连接有肩膀尖刺（图5-73）。

▲ 图5-73 复原的辽宁龙

锦州龙（*Jinzhousaurus*，2001）是鸟臀目鸟脚亚目禽龙类恐龙的一个属，模式种是杨氏锦州龙。生存于距今约1.25亿年前的早白垩世，在我国辽宁被发现。锦州龙在2001年由汪筱琳、徐星等描述、命名，为纪念我国古脊椎动物学之父、中国恐龙研究第一人杨钟键先生，同时，为肯定锦州人对国家古生物化石研究做出的贡献，中国科学院古脊椎动物与古人类研究所将其命名为"杨氏锦州龙"（图5-74、5-75）。锦州龙是辽西热河生物群发现的第一个大型鸟脚类恐龙，个体较大、体长约7米，其头骨长度约500毫米，高约280毫米，具大鼻孔及下延吻端的上颚、吻部前端到眼眶处前上颚骨及鼻骨的弧状隆起、平直的颅顶、单排牙齿及面颊具棱等特征。锦州龙的另外一些特征非常接近鸭嘴龙类，比如眶前孔

△ 图5-74 装架的杨氏锦州龙

△ 图5-75 复原的杨氏锦州龙

不发育等。锦州龙的这种奇特组合特征对于研究禽龙类的演化和鸭嘴龙类的起源具有重要意义。

辽宁角龙（*Liaoceratops*，2002） 属鸟臀目角龙亚目恐龙的一个属，模式种为燕子沟辽宁角龙。生活在晚侏罗世—早白垩世，在我国辽宁省北票被发现。角龙类恐龙是恐龙演化历程中最后的和最多样化的代表之一，以植物为食，通常分为两大类：长有颈盾的新角龙类和具有与鹦鹉相似喙部的鹦鹉嘴龙类，它们之间的系统演化关系一直是科学家关心的问题。而辽宁角龙有令人称奇之处，既有不太发育的颈盾又有鹦鹉嘴龙那样的喙部。系统发育分析表明，它是已知最早、最原始的新角龙类恐龙，它所具有的过渡性质形态填补了鹦鹉嘴龙类与新角龙类之间的形态差距，体现了一种渐进性的进化。辽宁角龙体形大小接近较大的狗，用四足行走。头骨颧角弱，颈盾短，喙弯曲似鹦鹉的喙，鼻孔位于喙前端。眼孔大，眼前孔很小。生活在温暖潮湿气候下的湖泊、沼泽丛林地带（图5-76）。

▽ 图5-76 复原的辽宁角龙

晚白垩世巨龙—鸭嘴龙动物群

白垩纪晚期是恐龙生活的最后一个时代，恐龙极其繁盛，种类丰富，是鸟脚类的天下，包括黑龙江满洲龙、棘鼻青岛龙、巨型山东龙、巨大诸城龙、巨大华夏龙、莱阳谭氏龙、中国谭氏龙等。主要分布在黑龙江嘉荫，山西天镇，内蒙古二连地区，甘肃公婆泉盆地，浙江天台、东阳地区，江西赣州，湖北郧县，山东莱阳、诸城，湖南株洲，广东河源、南雄等地。

绘龙（*Pinacosaurus*，1933） 意为"木板蜥蜴"，是鸟臀目甲龙类的一个属，模式种是谷氏绘龙。生存于距今8 000万~7 500万年前的晚白垩世，在我国、蒙古等亚洲地区被发现，是最著名的亚洲甲龙。绘龙是一种轻型、中等大小的恐龙，拥有长尾巴，身长达到5米，尾巴末端有骨锤，作为抵抗掠食动物（*如特暴龙*）的武器。它最独特的特征是在鼻孔的正常位置有蛋状的洞上下排列（图5-77、5-78）。

▼ 图5-78 复原的绘龙

▲ 图5-77 装架的绘龙

栾川盗龙（*Luanchuanraptor*，2007） 是蜥臀目兽脚亚目驰龙科恐龙的一个属，模式种是河南栾川盗龙。生活在晚白垩世早期，于我国中原地区被发现。河南栾川盗龙由吕君昌等人在河南省栾川发现、描述。栾川盗龙是首类在远离我国东北部或戈壁沙漠的地区发现的驰龙（图5-79）。

图5-79 复原的栾川盗龙

秋扒龙（*Qiupalong*，2011） 为蜥臀目兽脚亚目似鸟龙科恐龙的一个属，模式种是河南秋扒龙（图5-80）。生存于白垩纪晚期，在亚洲被发现。河南秋扒龙由河南省博物馆的古生物学家徐莉、中国地质科学院的吕君昌等人于2011年描述、命名，属名意为"秋扒组的龙"，种名则是以河南省为名。秋扒龙是第一个发现于戈壁沙漠以外、发现位置最南方的亚洲似鸟龙科恐龙。

图5-80 复原的河南秋扒龙

豫龙（*Yulong*，2013） 属于蜥臀目兽脚亚目窃蛋龙科恐龙的一个属，模式种为迷你豫龙（图5-81）。生活在白垩纪晚期，在我国的河南被发现。迷你豫龙由河南省地质博物馆联合中国地质科学院、加拿大知名恐龙学家于2008年3月在河南省栾川县秋扒乡发掘、研究，发现了至少5个个体的化石材料，最完整的一具骨架体长0.6米。这些化石标本都是幼年个体，通过对骨骼显微结构研究，证明均小于1岁。这些完整的材料为研究窃蛋龙科的个体发育提供了重要信息。窃蛋龙科是一群独特的带羽毛的小型兽脚类恐龙，属杂食性，大部分窃蛋龙科的恐龙体长为1~8米。迷你豫龙只有0.6米，接近鸡的大小，是目前世界上已知窃蛋龙科个体最小的。在我国，窃蛋龙类基本分布于三个区域：北方地区、中原地区及南方地区。而中原地区发现的种类较少，本次在河南属首次发现，不仅为窃蛋龙类生活习性的研究提供了依据，对窃蛋龙类古地理分布和迁徙的研究也有重要价值。

图5-82　复原的张氏西峡爪龙

图5-81　复原的迷你豫龙

西峡爪龙（*Xixianykus*，2010）　是蜥臀目兽脚亚目恐龙的一个属，模式种为张氏西峡爪龙（图5-82）。生活在白垩纪晚期，在我国河南省西峡县被发现。由中科院古脊椎所研究员徐星和河南国土资源科学研究院研究员王德友等联合考察、研究。张氏西峡爪龙是我国首次发现的单爪龙类恐龙。单爪龙类恐龙是恐龙家族中最奇特的类群之一，它修长的后腿与短粗的前肢形成鲜明的对比，是一种奔跑能力非常强的恐龙。

东阳龙（*Dongyangosaurus*，2008）　为蜥臀目蜥脚亚目泰坦巨龙类东阳龙属的一个种，生活于晚白垩世，于我国浙江金衢盆地被发现。中国东阳龙为该属新种，于2007年9月，由东阳市白云街道村民在种地时发现，浙江省自然博物馆和东阳市文物部门发掘，由中国地质科学院吕君昌等专家研究命名新种。中国东阳龙长15.6米，高5米，神经棘侧表面和背椎的后关节突有复杂的层板。其背椎的复杂层板显示泰坦巨龙形恐龙已高度分异（图5-83、5-84）。

巴克龙（*Bactrosaurus*，1933）　是鸟臀目鸟脚亚目鸭嘴龙科的一个属，意为"大夏蜥蜴"，模式种为姜氏巴克龙。生活于距今9 700万~8 500万年前的晚白垩世，在东亚被发现。巴克龙是蒙古高原特有的鸭嘴龙类，是一种较原始的植食性鸭嘴龙，用二足或四足方式行走，体长约2米，其成年个体可达5米长，站立时有2米高，体重1 100~1 500千克。它的头骨短而平滑，牙齿较少并呈棱柱形交互排列成叠瓦状，前肢较短，后肢长而强壮，貌似禽龙，但臼齿发达，能有效地将植物磨碎消化，没有头冠。群居，群体会进行季节性迁移（图5-85、5-86）。

◀ 图5-83　装架的中国东阳龙

◀ 图5-84　中国东阳龙生活场景想象图（图中中间位置为中国东阳龙）

▲ 图5-85　装架的巴克龙

▲ 图5-86　复原的巴克龙

中国似鸟龙（*Sinornithomimus*，2003） 意为"中国鸟类模仿者"，是蜥臀目兽脚亚目似鸟龙科下的一个属，模式种为董氏中国似鸟龙。生存于晚白垩世，在我国内蒙和蒙古均有发现。中国似鸟龙为草食性动物，靠胃石来消化食物，其身长约2米，拥有方骨孔，方骨有分叉的垂直骨板以及顶骨后突上的正方形洞孔和凹处。中国似鸟龙是群居动物，善于奔跑（图5-87、5-88）。

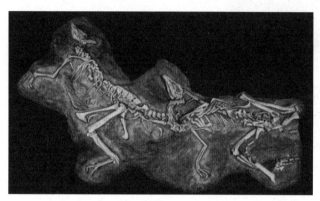

▲ 图5-87 中国似鸟龙化石标本（2件）

▲ 图5-88 复原的中国似鸟龙

古似鸟龙（*Archaeornithomimus*，1972） 意为"在鸟类模仿者之前"，指它们是似鸟龙的祖先，是蜥臀目兽脚亚目似鸟龙科恐龙的一个属，模式种为亚洲古似鸟龙（图5-89、5-90）。生活在距今约8 000万年前的晚白垩世，在我国被发现。亚洲古似鸟龙由戴尔·罗素于1972年命名。古似鸟龙是恐龙家族中的一种十分奇特的成员。它是一种身高像大鸵鸟一样，双足行走的虚骨龙类恐龙，体长约3.3米，高1.8米，体重约50千克，有着轻巧、苗条的体形和与鸟相像的外貌。它的头很小，眼大，上、下颌没有牙齿，脖子细，尾巴长，前肢细长并在顶端有爪，为强有力的三趾式脚。古似鸟龙善于奔跑，主要捕食昆虫和其他一些小动物，也吃植物的果实。

华北龙（*Huabeisaurus*，2000） 属蜥臀目蜥脚亚目泰坦巨龙类南极龙科，模式种为不寻常华北龙。生活在距今约7 500万年前，在我国河北、山西等地被发现。不寻常华北龙是在山西省天镇县被发现的，2000年由庞其清、程政武描述、命名。不寻常华北龙很像后凹尾龙，是四足的草食性恐龙，身长20米，头高7.5米，背高4.2米，它具有较粗壮的钉状牙齿，颈椎椎体较长，神经棘分叉，尾椎双凹型（图5-91、5-92）。

满洲龙［*Mandschurosaurus*，（1925）1930］为鸟臀目鸟脚亚目鸭嘴龙类恐龙，生活在晚白垩世，在黑龙江的嘉荫县等地被发现。模式种是阿穆尔满洲龙，又名黑龙江满洲龙（图5-93、5-94）。黑龙江满洲龙被称为中国第一龙，正型化石现存于俄罗斯圣彼得堡地质博物馆。近年在嘉荫地区采集到大量的鸭嘴龙化石，并建成了黑龙江省嘉荫县神州恐龙博物馆。

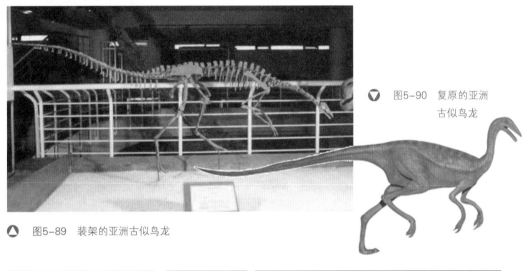

▽ 图5-90　复原的亚洲古似鸟龙

▲ 图5-89　装架的亚洲古似鸟龙

▲ 图5-91　不寻常华北龙骨
　　骼化石标本

▲ 图5-92　装架的不寻常华北龙

▲ 图5-93 装架的黑龙江满洲龙

▲ 图5-94 复原的黑龙江满洲龙

我国的恐龙足迹群

世界各大洲均发现有恐龙足迹化石，在美国以及西欧等地恐龙足迹化石产地十分密集，时代从晚三叠世到晚白垩世。目前，我国是亚洲发现恐龙足迹化石最多、种类最丰富的国家。自20世纪20年代，德日进和杨钟健对陕西神木恐龙足迹化石作了首次报道后，在云南、四川、甘肃、内蒙、河北、辽宁、山东等地相继发现了大量恐龙足迹化石。

恐龙足迹的分类方案较多，但目前主要采用Richard Swann Lull的足迹科、足迹属、足迹种的分类方法。我国科学家正式命名的中国恐龙足迹化石已超过28个属、35个种。根据我国恐龙足迹的地质时代的先后及产出层位，可划分出6个恐龙足迹类群：

晚三叠世恐龙足迹类群

晚三叠世是恐龙进化和发展的初始阶段，在这一地质时期内发现的恐龙足迹很少。我国晚三叠世的恐龙足迹仅发现于四川彭县，为蜥脚类恐龙足迹——磁峰彭县足迹。

早侏罗世恐龙足迹类群

在早侏罗世层位中发现的恐龙足迹不仅种类较多，而且数量惊人。主要有：云南晋宁夕阳的泥泞跷足龙足迹、小河坝跷脚龙足迹、孤独似虚骨龙足迹、扁平实雷龙足迹、夕阳杨氏足迹、晋宁郑氏足迹，辽宁朝阳等地的斯氏跷脚龙足迹，陕西铜川焦坪的铜川陕西足迹，河北张北的石炭张北足迹。其中，辽宁朝阳羊山一次发现4 000多个恐龙足迹，这在世界恐龙足迹群中也是少见的。

中侏罗世恐龙足迹类群

该类群的恐龙足迹化石主要发现于四川、重庆两地。足迹的特点是数量丰富，种类多，行迹清楚，个体多数较大。主要有四川资中县的五马资中足迹、小重庆足迹、水南沱江足迹、鸡爪石巨大足迹、何氏重龙足迹、五皇船城足迹、碾盘山金李井足迹，四川广元的四川蛙步足迹，重庆南岸区的南岸重庆足迹，野苗溪重庆足迹。

晚侏罗世恐龙足迹类群

晚侏罗世的恐龙足迹分布不像早、中侏罗世的恐龙足迹那样多，但分布较广。其中，有我国第一次报道的杨氏中国足迹，有足迹中的精品之一的岳池嘉陵足迹和带有璞的深沟黄龙足迹等。足迹主要有：河北栾平的栾平张北足迹，陕西神木县的杨氏中国足迹，四川岳池黄龙的岳池嘉陵足迹、深沟黄龙足迹，四川宜宾观岩的宜宾扬子足迹。

早白垩世恐龙足迹类群

早白垩世的恐龙足迹目前只在四川、山东、甘肃等少数几个省份有发现。足迹主要有四川峨眉川主的峨眉跷足龙足迹、四川快盗龙足迹、幸福禽龙足迹、川主小龙足迹，山东莱阳的刘氏莱阳足迹、杨氏拟跷脚龙足迹，山东莒南的山东驰龙足迹、甄朔南小龙足迹，山东诸城的东方强壮百合足迹等，甘肃永靖盐锅峡库区附近的蜥脚类巨大雷龙足迹、甘肃雷龙足迹、永靖雷龙足迹；兽脚类李氏跷脚龙足迹、弯曲跷脚龙足迹、老虎口跷脚龙足迹、孤独跷脚龙足迹、黄河快盗龙足迹；鸟脚类盐锅峡禽龙足迹等。并且在发现足迹的地方同时也发现了鸟足迹，其中有罕见的四川快盗龙足迹；有非常小的峨眉跷足龙足迹；在同一产地、同一石板上还发现了"中国水生鸟足迹"。山东莒南在发现恐龙足迹的地方还发现了"山东鸟足迹"；另外，甘肃永靖发现恐龙足迹的地方发现了我国第一个翼龙足迹——"盐锅峡翼龙足迹"。

晚白垩世恐龙足迹类群

晚白垩世的恐龙足迹群主要见于我国云南的楚雄、湖南的湘西等地。该类群在数量与种类上较早白垩世产的足迹多，但不如早白垩世的足迹珍奇。该类群也见有水鸟足迹，即安徽水鸟足迹。主要足迹有云南楚雄的苍岭楚雄足迹、甄氏楚雄足迹、黄草云南足迹，湖南湘西的辰溪湘西足迹、杨氏湘西足迹、九曲湾湖南足迹。

我国的恐龙蛋化石群

——地学知识窗——

恐龙怎样生儿育女

通过对大量恐龙蛋化石和蛋巢遗迹的研究后，古生物学家得出：恐龙也有一颗慈爱的"天下父母心"。

首先是要精心选择一个好的产卵的地方。这个地方需要阳光普照、地势较高，并且土质松软、干燥，另外还要比较安全。恐龙会把这样的地方作为世世代代的产卵宝地，堪称它们的"妇产科医院"。

其次就是刨坑筑巢。雌性恐龙在选好的地方刨一个圆坑，坑的边缘垒上一圈土，以防雨水漫进坑内，或者是先用土堆起一个土包，再在土包上刨个圆坑，这样"产房"就算做好了。

接下来就是产卵。雌性恐龙把屁股对准土坑，开始向坑内一圈圈地生蛋。每下完一圈，就用土盖好；接着又下一圈，再用土盖好……最多可达4圈，蛋的数量多达数十枚。蛋在窝里大都按放射状排列，也有前后排列或不规则排列的。恐龙种类不同，蛋在窝里的排列方式也有区别。所有的蛋在窝里都不会上下重叠，以便最大限度地吸收阳光的热量。

蛋主要依靠阳光的热量来孵化。在孵化期间，恐龙会精心守护自己产下的蛋，以防窃贼掠食。小宝宝快要出壳的时候，恐龙妈妈要帮助它们弄破蛋壳，让其顺利出生。此外，也有证据表明，有的恐龙是要孵卵的，就像母鸡孵蛋一样。

小恐龙出生后，恐龙妈妈赶紧衔来食物，给小家伙们喂食。这时产卵地就成了恐龙的育婴室。在恐龙妈妈的悉心照料下，小恐龙茁壮成长。

恐龙蛋化石最早发现于法国南部的普罗旺斯。在1923年，内蒙古二连就发现了恐龙蛋，这是我国发现恐龙蛋的最早记录。我国恐龙蛋研究真正始于20世纪50年代，著名古生物学家周明镇、杨钟健先生根据恐龙蛋的形态和大小、蛋壳表面光滑还是粗糙以及有无纹饰等特征将恐龙蛋分为粗皮蛋、长形蛋、圆形蛋和南雄蛋，为我国后来恐龙蛋的分类研究打下了基础。赵资奎研究员根据恐龙蛋的形态结构和蛋壳的微细结构特征，同时参考其演化方向和发展阶段，按照国际动物命名法规及通用的双名法命名法则，正式建立种、属、科等不同分类等级的名称。迄今为止已发现的恐龙蛋有长形蛋科、圆形蛋科、椭圆形蛋科、网形蛋科、棱柱形蛋科（**棱齿龙科**）、网格蛋科、蜂窝蛋科、树枝状蛋科、大圆形蛋科、丛状蛋科和巨型长形

蛋科共11个蛋科。

目前，已有内蒙古、山东、广东、江西、浙江、江苏、安徽、河南、新疆、宁夏、湖南及吉林等14个地区发现了恐龙蛋化石。在内蒙古二连盆地、浙江天台盆地、山东莱阳盆地、广东南雄盆地（图5-95）、河南西峡（图5-96）和淅川盆地、江西赣州—信丰盆地等晚白垩世陆相红层中发现了大量的恐龙蛋化石。特别是在河南南阳地区的西峡、内乡发掘出了数量众多、成窝成片的、保存完整的恐龙蛋化石；在江西赣州发现了一些含胚胎的恐龙蛋化石。这些珍稀的恐龙蛋化石，为我们探索恐龙生息繁衍的奥秘提供了重要信息。

我国古生物学家根据发现的恐龙蛋化石，初步建立了我国晚白垩世恐龙蛋化石群的组合序列及其对应的地层层序和时代

△ 图5-95 曾走私到美国（现已追回）的含胚胎的恐龙蛋化石（产于广东南雄）

△ 图5-96 走私到英国的含胚胎的恐龙蛋化石（产于河南西峡）

框架，从下至上至少包含了4个恐龙蛋化石群：

天台恐龙蛋化石群 赋存层位为天台群中上部的赖家组和赤城山组，时代为晚白垩世早期（塞诺曼期–土伦期）。

西峡恐龙蛋化石群 赋存层位为走马岗组、赵营组和六爷庙组，时代为晚白垩世早、中期（土伦期–桑顿期）。

莱阳恐龙蛋化石群 赋存层位为王氏群中上部的红土崖组和金刚口组，时代为晚白垩世中、晚期（科尼亚克期–坎潘期）。

南雄恐龙蛋化石群 赋存层位为南雄群园圃组和坪岭组，时代为晚白垩世晚期（坎潘期–马斯特里赫特期）。

表5–4　　　　　　我国晚白垩世主要恐龙蛋类群组合序列

时代	国际地层表（2008）	恐龙蛋类群组合序列			
晚白垩世	马斯特里赫特期				南雄恐龙蛋类群
	坎潘期			莱阳恐龙蛋类群	
	桑顿期		西峡恐龙蛋类群		
	科尼亚克期				
	土伦期	天台恐龙蛋类群			
	塞诺曼期				
早白垩世	阿尔必期				

Part 6 山东恐龙撷英

　　山东是我国境内发现和研究恐龙化石最早的地区之一，特别是诸城

和莱阳地区产有大量的恐龙骨骼、恐龙蛋及恐龙足迹化石，因此，诸

城、莱阳分别被誉为"中国龙城"和"恐龙之乡"。此外，泰安新泰，

临沂莒南、临沭等地也发现了大量的恐龙足迹化石。2014年首届国际恐

龙节上发布的 "中国百年十大最著名恐龙"，山东的师氏盘足龙、棘鼻

青岛龙、巨型山东龙榜上有名。

中国龙城——诸城

诸城是我国重要的恐龙化石产地，不仅发现和装架了巨型山东龙、巨型诸城暴龙等数架恐龙骨架，在诸城库沟、龙骨涧、臧家庄、皇龙沟等地还发现了大量大面积暴露的骨骼和足迹化石，成为世界范围内发现暴露面积最大的恐龙化石群，也是我国以大型鸭嘴龙类为代表的晚白垩世恐龙群，种类不仅包括鸟臀目恐龙化石、蜥臀目恐龙骨骼化石，还发现有恐龙蛋化石、恐龙足迹化石以及恐龙病变骨骼化石。

库沟化石长廊位于龙都街道库沟村北，在长约600米、斜深30米的岩层剖面上暴露化石7 933块，是世界上埋藏面积最大的恐龙化石群，化石属种主要为鸭嘴龙，还有纤角龙等（图6-1）。其中，"意外诸城角龙"这一新属种的发现打破了"纤角龙科是比角龙科更为原始的种群"这一传统观念。

龙骨涧化石隆起带位长173米，最宽处20米，共发掘恐龙骨骼化石1 070块，含有巨大诸城龙、巨型山东龙、意外

▲ 图6-1　诸城库沟恐龙化石产地

▲ 图6-2 诸城龙骨涧恐龙化石产地

诸城角龙等骨骼化石（图6-2）。巨大诸城龙是目前世界上最高大的鸟脚类个体，2009年入选吉尼斯世界纪录，被中外专家们称为"世界龙王"。

臧家庄化石层叠区揭露化石层约3 000平方米，暴露恐龙化石2 850块，含有诸城中国角龙、巨型诸城暴龙、巨大华夏龙、虚骨龙、甲龙、蜥脚类等骨骼化石（图6-3）。诸城中国角龙的发现填补了亚洲和北美恐龙挖掘方面的空白，是北美以外首次发现的大型尖角龙颈盾化石，是亚洲真正意义上的角龙化石；巨型诸城暴龙是亚洲最大、我国唯一的暴龙骨骼化石；甲龙化石是世界最大、最完整的甲龙骨骼化石。

皇龙沟恐龙足迹化石群产地位于诸城市皇华镇大山社区西南部。在长80米、宽60米的剖面上发现了集中分布的恐龙足迹化石11 000多枚，包括蜥脚类、兽脚类等恐龙足迹，最小的兽脚类恐龙足迹仅有7厘米长，最大的蜥脚类恐龙足迹直径达100厘米长。此处恐龙足迹化石种类多、分布广、数量大、保存好，是目前世界上规模最大的恐龙足迹化石群（图6-4）。

🔺 图6-3 诸城臧家庄恐龙化石产地　　　　🔺 图6-4 诸城皇龙沟恐龙足迹化石产地

巨型山东龙（*Shantungosaurus giganteus*，1974） 为鸟臀目鸟脚亚目鸭嘴龙科山东龙属恐龙的一个种，生活在中生代晚期的白垩纪，被发现于山东诸城。

巨型山东龙由中国地质博物馆胡承志研究、命名，长约15米，站立高约8米，是当时世界最大的鸭嘴龙。其头骨长，头顶平，头后宽，嘴长而宽扁，嘴前端有角质喙，嘴里上下左右布满密集的牙齿，适合咀嚼坚硬的裸子植物枝叶或被子植物种子；齿骨长，有60个齿沟；荐椎由10个脊椎愈合而成，荐椎腹面有直而深的沟；坐骨直长，末端有稍扩大的尖顶（图6-5、图6-6）。

🔺 图6-5 装架的巨型山东龙　　　　🔺 图6-6 复原的巨型山东龙

——地学知识窗——

有两个脑的恐龙吗

有的恐龙还真有两个脑，比如剑龙和大型的蜥脚类恐龙就是这样。剑龙有大象那样大，而头却小得可怜。它的脑子只有一个核桃那么大，重约100克，无法完成控制全身的重任。而它的臀部脊椎异常膨大，里面容纳膨大的脊髓，称为神经球。这个神经球比真脑还要大20倍，主管后肢和尾部的运动。前、后两个脑子分工合作。大型的蜥脚类恐龙也具有两个脑子。

巨大诸城龙（*Zhuchengosaurus maximus*，1992） 为鸟臀目鸭嘴龙科诸城龙属的模式种，生活在距今约7 000万年前的白垩纪晚期，在山东的诸城盆地被发现。1964年，原石油地质局综合研究队在诸城库沟村北龙骨涧偶然发现其化石，1989年由中国科学院古脊椎动物与古人类研究所研究员赵喜进等发掘，1992年装架并命名。是继巨型山东龙之后的又一新的发现。后来，有的学者研究认为巨大诸城龙和巨型山东龙为同物异名，只是生长阶段不同。巨大诸城龙是一种性情温和的草食性恐龙，身高9.1米，身长16.6米，是当时世界最高大的鸟脚类个体。巨大诸城龙前肢细小，后肢粗长，趾间有蹼，可在水中游动。粗壮的尾部有一副脑，与后肢一起支撑着它那庞大的躯体。它们活动在河流、湖泊、沼泽地带。温暖的气候，参天的松柏、银杏树，以及色泽鲜艳、味道鲜美的显花植物，给巨大诸城龙提供了充满生机的生存环境。它的嘴形便于吞食水中或岸边较柔软的植物如蕨类或蚌类等软体动物。在如此植物生长茂盛、郁郁葱葱的中生代晚期，它的食物来源富足，再加上爬行动物个体终生生成的特点，所以，巨大诸城龙一生不停地吃，不停地长，最终长成巨大个体（**图6-7**）。

图6-7 装架的巨大诸城龙

巨大华夏龙（*Huaxiaosaurus aigahtens*，2011） 是鸟臀目鸟脚亚目鸭嘴龙科华夏龙属恐龙的一个种，生活在距今约7 000万年前的白垩纪晚期，被发现于山东诸

城市西南15千米，著名诗人臧克家的故居所在地。2008年3月，诸城市恐龙文化研究中心联合中国科学院古脊椎动物与古人类研究所发掘其化石，2009年赵喜进等人进行修复、装架、命名。巨大华夏龙成为发掘的鸭嘴龙中的新"世界龙王"。巨大华夏龙是一种性情温和的素食性恐龙，它躯体巨大，总长18.7米，高11.3米，是目前世界上已知的最长最高的鸭嘴龙（图6-8、6-9）。

中国角龙（*Sinoceratops*，2010） 属鸟臀目角龙科恐龙的一个属，模式种为诸城中国角龙。生活在距今约7 000万年前的白垩纪晚期，被发现于山东诸城盆地。中国角龙是由中国古生物学家徐星等人

图6-8 装架的巨大华夏龙的骨骼结构

图6-9 复原的巨大华夏龙

在2010年描述、命名的。其体长6米，宽1.2米，高1.7米，鼻角短、呈钩状，头盾短、顶端有多根向前弯曲的颈盾缘骨突。此外，颈盾顶端还有多个低矮突起物，其他角龙类恐龙没有发现这个特征（图6-10、6-11）。诸城中国角龙乃是首次在北美地区以外发现的大型角龙化石，证实了亚洲同样存在着晚白垩世的大型角龙科恐龙。这显示中国角龙可能代表一个独立支系，从北美洲迁徙到了亚洲。

诸城角龙（*Zhuchengceratops*，2010）为鸟臀目纤角龙科恐龙的一个属，模式种为意外诸城角龙（图6-12）。生活在晚白垩世，被发现于诸城盆地。意外诸城角龙由徐星、赵喜进等人于2010年描述、命名。诸城角龙是一种体型较小、四足行走的恐龙，总长约米，比角龙科恐龙要小很多，略大于其近亲纤角龙，有许多自衍征，因此，纤角龙科的形态更为多样性。诸城角龙是第三种发现于亚洲的纤角龙科恐龙（图6-13）。

⬣ 图6-10　装架的中国角龙

⬣ 图6-11　复原的中国角龙

⬣ 图6-12　意外诸城角龙骨骼化石

⬣ 图6-13　复原的诸城角龙

诸城霸王龙（*Tyrannosaurus zhucheng-ensis*，2001） 为蜥臀目兽脚亚目暴龙科霸王龙属恐龙的一个种，属名在古希腊文中意为"暴君蜥蜴"，生活在白垩纪晚期，在诸城盆地被发现。霸王龙是一种凶猛的二足、肉食性恐龙，种群平均成年个体长11~14.5米，仅头部就有1.45~1.55米，臀部最高4.6米，拥有大型头颅骨，双眼向前，具有非常好的立体视觉，头骨具有两个很大的眶前孔，眼眶呈椭圆形，牙齿极为发达，由长而重的尾巴来保持平衡。霸王龙是最大型的暴龙科动物，也是最著名的陆地掠食者之一。在山东发现的诸城霸王龙为雷克斯暴龙的相似种，这也是山东首次发现的暴龙科恐龙（图6-14）。

诸城暴龙（*Zhuchengtyrannus*，2011） 意为"诸城的暴君"，属蜥臀目暴龙科恐龙的一个属，模式种为巨型诸城暴龙（图6-15）。生活在距今约7 000万年前，在诸城盆地被发现。巨型诸城暴龙于2011年由David W. E. Hone、Corwin Sullivan、赵喜进、徐星、季强等描述、命名。巨型诸城暴龙为二足、肉食性兽脚类恐龙，为霸王龙家族中体型巨大的成员，拥有大型头骨与巨大的牙齿，后肢粗长，适合奔跑，同时凭借长而重的尾巴来维持身体平衡。巨型诸城暴龙体长10~12米，臀高约4.1米，重8.5吨，为亚洲最大的暴龙类恐龙之一（图6-16）。

🔺 图6-14 复原的霸王龙

🔺 图6-15 装架的巨型诸城暴龙

图6-16　复原的诸城暴龙

杨氏拟跷脚龙足迹（*Paragrallator yangi*）　为鸟臀目安琪龙足迹科拟跷脚龙足迹属的足迹种，产于诸城皇龙沟早白垩世莱阳群。该足迹为小型三趾型，足迹长10~13厘米，趾迹纤细，趾垫清晰（图6-17）。

东方强壮百合足迹（*Corpulentapus lilasia*，2011）　为兽脚类恐龙足迹，产于诸城皇龙沟早白垩世莱阳群。为小型两足行走、三趾型足迹，脚趾粗，足迹形态

类似百合花朵，足迹长略大于宽（长11.8厘米，宽10.8厘米），趾迹粗，肉质感觉丰满，趾垫连续，垫间缝不明显，三个功能趾为Ⅱ、Ⅲ、Ⅳ，其中Ⅲ趾较短，凸出于两侧趾程度很弱，与两侧趾平齐；趾间角较小，爪迹向行迹中线偏转，轴系对称很弱（形态上看似辐射对称），趾迹近端相连，趾间不完全；行迹窄，单步和复步较长。根据脚跟部的蹠趾垫Ⅳ位于蹠趾垫Ⅱ之后，以及复步很长的特点推断，该足迹应属于典型的兽脚类恐龙（图6-18）。

图6-17　杨氏拟跷脚龙足迹模式标本

图6-18　东方强壮百合足迹模式标本
（现仍然保存于原产地）

中国恐龙之乡——莱阳

莱阳是我国最重要的恐龙骨骼和恐龙蛋化石产地之一，也是我国地质古生物学家最早发现恐龙骨骼、恐龙蛋和翼龙化石的地区。吕格庄镇金岗口地区、冯格庄镇的将军顶地区、天桥屯地区以及古柳街道办事处的红土崖地区，富含恐龙骨骼及恐龙蛋化石。到目前为止，莱阳共发现和研究命名的恐龙化石共计5大类8属11种，其中，鸟脚类有棘鼻青岛龙、中国谭氏龙、金刚口谭氏龙、莱阳谭氏龙、巨型山东龙；甲龙类有似格氏绘龙；肿头龙类有红土崖小肿头龙；角龙类有中国鹦鹉嘴龙、杨氏鹦鹉嘴龙；兽脚类有似甘氏四川龙、破碎金刚口龙。

山东的恐龙蛋化石主要产于莱阳白垩纪国家地质公园金岗口园区恐龙谷景区和将军顶丹霞谷地貌景区，共发现和研究命名的恐龙蛋化石计4个蛋科、5个蛋属、11

表6-1　　　　　　　　发现于山东的恐龙蛋化石分类情况

科名	属名	种名
长形蛋科	长形蛋属	长形长形蛋
		安氏长形蛋
椭圆形蛋科	椭圆形蛋属	金刚口椭圆形蛋
		单纹椭圆形蛋
		三纹椭圆形蛋
		混杂纹椭圆形蛋
		薄皮椭圆形蛋
圆形蛋科	圆形蛋属	将军顶圆形蛋
		原皮圆形蛋
	副圆形蛋属	二连副圆形蛋
网形蛋科	网形蛋属	蒋氏网形蛋

注：其中以长形长形蛋、金刚口椭圆形蛋、将军顶圆形蛋和蒋氏网形蛋最为著名。

个蛋种，列举如下：

棘鼻青岛龙（*Tsintaosaurus spinorhinus*，1985） 属鸟臀目鸟脚亚目鸭嘴龙科青岛龙属恐龙的一个种，生活在白垩纪晚期，在山东莱阳等地区被发现，为青岛龙的模式种。1951年，由我国古生物学家奠基人、恐龙研究之父杨钟健等发掘、命名。棘鼻青岛龙是一种带有顶饰的植食性恐龙，它身长为6.62米，身高4.9米，体重为6~7吨。顶饰实际上是在相当靠后的鼻骨上的一个长而中空的条带棱的棒状棘，很像独角兽的角，从两眼之间直直地向前伸出（也有学者认为棒状棘可能是一个移位了的鼻骨）。棘鼻青岛龙不善于奔跑，大部分时间待在沼泽和湖泊里，过群居的生活（图6-19、6-20）。

🔺 图6-19 装架的棘鼻青岛龙

🔺 图6-20 复原的棘鼻青岛龙

中国谭氏龙（*Tanius sinensis*，1929） 为鸟臀目鸭嘴龙科谭氏龙属的模式种，生活在白垩纪晚期。中国谭氏龙是我国地质学家谭锡畴于1923年在莱阳发现的，为了纪念该化石标本的采集者，在1929年将其命名为中国谭氏龙，标本现保存在瑞典乌普萨拉大学。中国谭氏龙为一种植食性恐龙，身长4~5米，头骨顶部平坦无装饰，荐椎包括9~11个愈合脊椎和片状神经棘，荐椎腹面有深沟。坐骨末端略扩大（图6-21）。

🔺 图6-21 复原的中国谭氏龙

金刚口谭氏龙（*Tanius chingkankoensis*，1958） 为鸟臀目鸭嘴龙科谭氏龙属恐龙的一个种，生活在白垩纪晚期。金岗口谭氏龙由杨钟健在莱阳金岗口白垩纪王氏群红土崖组中发现、命名，只发现了部分头后骨骼，包括10块颈椎骨、 部分背脊椎和荐椎、四肢骨等。金岗口谭氏龙为植食性恐龙，体长约10米。

莱阳谭氏龙（*Tanius laiyangensis*，1976） 为鸟臀目鸭嘴龙科谭氏龙属恐龙的一个种，生活在白垩纪晚期，在莱阳发现。由北京自然博物馆甄朔南于1976年命名。莱阳谭氏龙是植食性恐龙，荐部脊椎由9块脊椎骨组成，第6~9脊椎骨的腹面有较深的直沟，并穿过由前后两个脊椎所并成的横棱。荐部脊椎的神经棘较高，呈薄片状，横突几乎呈水平状，最后两个较大。髋骨比较粗壮，肠骨突较小。

似格氏绘龙（*Pinacosaurus cf. grangeri*，1995） 为鸟臀目甲龙亚目格氏绘龙属恐龙的一个相似种，生活在白垩纪晚期。1923年，谭锡畴在莱阳天桥屯一带的王氏群地层中发现、采集，包括部分尾椎骨、一个保存完好的荐骨和与其相连的右肠骨、一个残破的左股骨和一块鳞甲。根据其右肠骨为扭曲"翼状"且侧表面有一个脊贯穿、髋臼后部极短、左股骨第四转子位于远端、鳞甲内表面深深内凹等特征，推测其属于甲龙而并非鸭嘴龙，类似于蒙古戈壁中发现的格氏绘龙。

红土崖小肿头龙（*Micropachy cephalos-aurus hongtuyanensis*，1978） 为鸟臀目平头龙科小肿头龙属恐龙的模式种，生存于距今7 060万~6 850万年前的晚白垩世，被发现于莱阳（图6-22、6-23）。红土崖小肿头龙是董枝明在1978年根据其下颌

图6-22 装架的红土崖小肿头龙

图6-23 复原的红土崖小肿头龙

及头颅骨的碎片进行描述、命名的，并归类于厚头龙下目。红土崖小肿头龙是一种二足、草食性恐龙，身长50～60厘米。头上的顶鳞骨肿厚，但比较平，不拱起，上颞孔不封闭；头上无明显的隆起栉饰；下颌骨较高，牙齿纤细，单排，荐椎体为双平型。

似甘氏四川龙（*Szechuanosaurus cf. campi*，1958） 属蜥臀目兽脚亚目异特龙科甘氏四川龙的相似种。化石发现于莱阳金刚口一带，其标本主要为金刚口村西沟附近的9枚肉食龙的孤立牙齿。这些牙齿发现于不同地点、不同层位，而且大小差别也很大，明显不属于同一个个体。杨钟健研究对比后认为，它们在构造特征上基本一致，牙齿相当扁平稍有弯曲，前后有均匀的锯齿，应属于同一种恐龙，与甘氏四川龙较为相似（图6-24）。

破碎金刚口龙（*Chingkankousaurus fragilis*，1958） 是蜥臀目兽脚亚目暴龙超科金刚口龙属的模式种。1951年由杨钟健发现、命名。破碎金刚口龙发掘于莱阳金刚口南村，化石较为零散破碎，其中有一细长的右肩胛骨，肩胛骨末端的加阔不显著，明显有肉食龙特征（图6-25）。

⬆ 图6-25 复原的破碎金刚口龙

中国鹦鹉嘴龙（*Psittacosaurus sinensis*，1958） 属鸟臀目鹦鹉嘴龙科鹦鹉嘴龙属恐龙的一个种。由谭锡畴于1923年在山东莱阳早白垩世青山组（现在的王氏群林家庄组）采集，标本全长675毫米。现存放于瑞典乌普萨拉大学。中国鹦鹉嘴龙个体较小，头骨短而宽，颧骨突居中，颧骨突中棱很发达，下颌前端与上颌齐平。颈椎9个，背椎 13个，荐

⬆ 图6-24 装架的甘氏四川龙

图6-26 装架的中国鹦鹉嘴龙

图6-27 复原的中国鹦鹉嘴龙

椎6个，尾椎31个左右。上牙8个，下牙9个，第五个牙最大，牙中棱前、后各有4条小棱（图6-26、6-27）。

杨氏鹦鹉嘴龙（*Psittacosaurus youngi*） 属鸟臀目鹦鹉嘴龙科鹦鹉嘴龙属恐龙的一个种。化石产于莱阳晚白垩世王氏群林家庄组。鹦鹉嘴龙是两足行走的小型恐龙，头短宽而高，吻弯曲似鹦鹉的喙，故而得名。这种小恐龙在我国分布较广，生活年代为晚侏罗世-早白垩世。鹦鹉嘴龙和原角龙、三角龙等恐龙都具有一张类似鹦鹉一般带钩的嘴，科学家由它的体形及生存年代来推断，鹦鹉嘴龙可能是大部分角龙类恐龙的祖先。杨氏鹦鹉嘴龙体长中等，长0.98米，宽0.15米，高0.49米，体重约200千克。头骨在已知所有种中为最短，头长大于头宽，颧骨突位置偏后，枕骨大孔发达，耳缺不明显，方骨窝很发育，椎体平凹型，肋骨粗壮，肠骨上缘棱脊发达（图6-28、6-29）。

图6-28 装架的杨氏鹦鹉嘴龙

图6-29 复原的杨氏鹦鹉嘴龙

杨氏拟跷脚龙足迹（*Paragrallator yangi*，2000） 为鸟臀目安琪龙足迹科拟跷脚龙足迹属的足迹种，化石产于莱阳早白垩世莱阳群。杨氏拟跷脚龙足迹为三趾型，Ⅱ、Ⅲ、Ⅳ趾均较直，Ⅲ趾下陷较浅且趾端爪细、尖，可能由于保存的原因，Ⅱ、Ⅳ趾爪不很清晰，Ⅱ趾也略短于Ⅳ趾。足迹长13.5厘米，Ⅲ趾长7.5厘米（图6-30）。

🔺 图6-30 杨氏拟跷脚龙足迹标本及轮廓

刘氏莱阳足迹（*Laiyangpus liui*，1960） 属未定足迹科的莱阳足迹属的一个种，产于莱阳市，杨钟健于1960年在龙旺庄镇水南村杨家庄组发现并命名。小型足迹，四足行走，前足具3趾，后足4趾，趾迹清晰。后足的Ⅰ趾和前足的Ⅰ、Ⅴ趾均未保存。各趾纤细，趾尖尖锐，各趾间近乎平行，前足长1.2~1.9厘米，宽1.7~2.3厘米；后足长1.8~2.2厘米，宽2.1~2.6厘米（图6-31）。

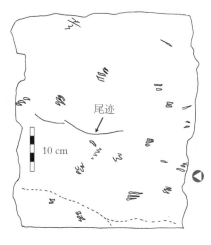

◀ 图6-31 刘氏莱阳足迹化石（比例尺长4 cm）及足迹分布图

长形长形蛋（*Elongatoolithus elongatus*，1965） 为长形蛋科长形蛋属的一个种，发现于1951年，是莱阳发现的较为完整的一窝长形长形蛋化石，至少由13枚压碎的恐龙蛋组成。1954年杨钟健根据蛋的形状、蛋壳表面纹饰等宏观特征定义为长形蛋。之后，赵资奎根据自己的命名法则将其命名为长形长形蛋，其主要特征是蛋化石为长形，长径平均为14厘米，在蛋窝中两枚一组呈放射状排列（图6-32），蛋壳外表面具有棱脊状纹饰，

蛋壳平均厚度为1毫米。蛋壳显微结构由锥体和组成的基本结构单元排列紧密，形成椎体层和柱体层，柱体层生长纹呈波浪形随外表纹饰波动，气孔道细而直。

金刚口椭圆形蛋（*Ovaloolithus chinkangkouensis*，1979） 为椭圆形蛋科椭圆形蛋属的一个种，发现于1951年，杨钟健将发现的一部分蛋归为短形圆形蛋。1979年，赵资奎修订为金刚口椭圆形蛋。其主要特征是蛋化石呈椭圆形，个体较小，直径平均为9厘米，蛋壳表面具有不规则的纹饰，蛋壳平均厚度为2毫米（图6-33）；蛋壳显微结构显示其基本结构单元排列紧密，柱状层具有由内向外呈放射状的特征。

▲ 图6-32　长形长形蛋化石及其素描图

▲ 图6-33　金刚口椭圆形蛋化石外形及剖面

将军顶圆形蛋（*Spheroolithus chiang-chiungtingensis*，1979） 为圆形蛋科圆形蛋属的一个种，1951年在莱阳市将军顶赵村发现，共6枚，蛋化石较完整，杨钟健将其归为短圆形蛋类。之后，赵资奎将其命名为将军顶圆形蛋。蛋化石呈圆形，直径平均为8厘米，在蛋窝中无规律排列（图6-34）。蛋壳外表面具有不规则状纹饰，蛋壳较厚，平均约2.7毫米；蛋壳显微结构中，椎体排列松散，呈披针形，柱状层排列紧密，气孔道不规则。

蒋氏网形蛋（*Dictyoolithus jiangi*，2004） 为网形蛋科网形蛋属的一个种，种名"jiangi" 赠给已故古生物学者蒋元凯先生，以纪念他在开展中国恐龙蛋专题研究中所做的贡献。蒋氏网形蛋发现于1973年，共4枚，产于莱阳晚白垩世王氏群（图6-35）。2004年，刘金培和赵资奎将其命名为蒋氏网形蛋。蒋氏网形蛋呈扁圆形，平均直径为13厘米，蛋壳外表纹饰不明显，蛋壳平均厚度约为1.5毫米。蛋壳显微结构由2~3层长短不一的基本结构单元叠加而成，其中，近蛋壳外表面的壳单元融合形成致密层；蛋壳外表面的气孔形状不规则。

图6-34 将军顶圆形蛋化石

5厘米

图6-35 蒋氏网形蛋化石

山东其他地区的恐龙

中国第一只蜥脚类恐龙遗址——新泰

1913年，麦尔登神甫在蒙阴宁家沟（现属于新泰市）发现了恐龙化石；1922~1923年，奥地利古生物学家师丹斯基和我国地质学家谭锡畴在山东省新泰市宁家沟发现并挖掘了一些恐龙化石，其中包括兽脚类牙齿和剑龙类的骨板，同时，还有两具不完整的蜥脚类恐龙骨骼。当时只发现了盘足龙化石头骨、颈椎、肩带、前肢、背椎、腰带和后肢等部分化石。由于化石不完整，尾巴的形态只能推测；1929年，由瑞典著名古生物学家维曼研究，命名为师氏盘足龙。师氏盘足龙化石现保存于瑞典伍普萨拉大学，已列为首批重点保护古生物化石名录；2014年首届国际恐龙节中被评为"中国百年十大最著名恐龙"之一。

2012~2013年，中国地质科学研究院和山东省地质科学研究院在新泰汶南宁家沟古生物化石开展发掘工作，新发现一处恐龙足迹化石点（图6-36、6-37）。

▲ 图6-36 新泰宁家沟恐龙足迹化石现场

▲ 图6-37 新泰宁家沟恐龙足迹化石

师氏盘足龙（*Euhelopus zdanskyi*，1929） 属蜥臀目盘足龙科盘足龙属恐龙的一个种。化石发现于山东新泰地区早白垩世水南组，是我国发现的最早的巨龙形类恐龙，同时，还是我国发现的第一只蜥脚类恐龙。盘足龙长13多米，高约2.5米。头骨粗壮而高大，而且鼻孔也很大，牙齿都属于粗壮的勺形齿，颈椎很长，而且数量很多，有17块，估计长度超过体长的一半；后部颈椎的神经棘低，而且分叉；肩带很发达，肩臼窝很浅，中部形成一个斜面，后肢较短，因此，古生物学家推测盘足龙的前肢可能很发达（图6-38、6-39）。

▲ 图6-38 装架的师氏盘足龙

▲ 图6-39 复原的师氏盘足龙

龙鸟共舞的天堂——莒南

莒南以恐龙足迹化石为主，化石主要分布于莒南县城西北11千米处岭泉镇后左山村。恐龙足迹化石种类丰富，经初步调查，在南北长约500米、东西长约100米的5万平方米范围内发现有几百个清晰的恐龙足迹。足迹形态保存较好，有蜥脚类、兽脚类和鸟脚类（图6-40）等。其中最为清晰的为鸟脚类、兽脚类，其印迹形象生动，甚至连恐龙脚上的纹理都看得清清楚楚，另外，还发现了世界少见的驰龙足迹化石（图6-41）。该处还有世界上首次发现的最早的对趾鸟足迹化石——山东鸟足迹化石。

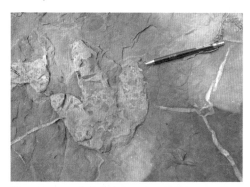

▲ 图6-40 莒南鸟脚类恐龙足迹化石

图6-41 莒南驰龙足迹化石

山东驰龙足迹（*Dromaeopodus shandong- ensis*，2008）属于蜥臀目驰龙足迹科驰龙足迹属的一个种，产于莒南县早白垩世大盛群，为我国境内第二例。为两足行走、二趾型足迹，足迹尺寸较大，长26~28.5厘米，宽9.5~12.5厘米；仅有Ⅲ趾和Ⅳ趾趾迹，Ⅲ趾和Ⅳ趾趾迹近平行，Ⅲ趾略长于Ⅳ趾，趾迹弯曲，每个趾上有3个趾垫及爪迹，Ⅱ趾表现为较大的半圆形凹痕，位于足垫内侧和Ⅲ趾近端之间，足垫迹卵圆形，约为足迹总长的1/3；行迹较窄，复步长92~103厘米，复步角170°，脚底的皮肤褶皱清晰可见。该两趾型足迹的发现证明了恐爪龙类恐龙在行走和奔跑时Ⅱ趾上的大爪子是被举起来的，并不落地，而且，发现的大量足迹和行迹也证明了恐爪龙类恐龙是群体活动的（图6-42、6-43）。

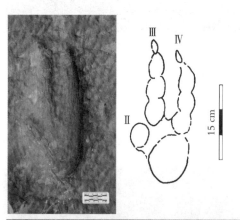

图6-42 山东驰龙足迹正模标本及轮廓图

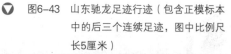

图6-43 山东驰龙足迹行迹（包含正模标本中的后三个连续足迹，图中比例尺长5厘米）

甄朔南小龙足迹（*Minisauripus zhenshuonani*，2008） 属于小龙足迹属，产于莒南县早白垩世大盛群，这是继四川峨眉地区、韩国Namhae之后第三次发现的小龙足迹，也是中国发现的小龙足迹的第二个种。甄朔南小龙足迹个体小，长大于宽（长/宽比值为1.25~2），足迹纵长，三趾型，趾迹平行，趾末端较钝，趾端具爪，但爪迹较尖，趾垫式为2-3-4，Ⅲ趾比Ⅳ趾略长，而Ⅳ趾比Ⅱ趾略长且窄；此外，步幅较长，足长与步幅之比约为10∶1。甄朔南小龙足迹长度为6厘米，是目前小龙足迹属中个体最大的种。在山东省莒南的足迹化石产地共发现了4枚小龙足迹（图6-44）。

恐龙足迹产地——临沭

临沭岌山恐龙足迹化石形态保存完好、数量众多、种类齐全，形态完整、清晰，为国内罕见。其中，有世界第九例驰龙足迹化石（图6-45、6-46、6-47）。

▲ 图6-45 临沭恐龙足迹化石

▲ 图6-46 美国科罗拉多大学马丁教授观察研究临沭驰龙足迹化石

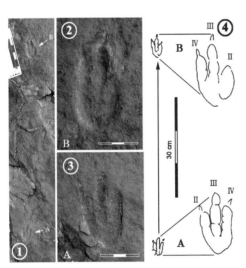

①两个连续的足迹形成单步；②足迹B近照；③足迹A近照；④行迹线描图，其中右侧为A、B为两个足迹的放大轮廓图

▲ 图6-44 莒南的甄朔南小龙足迹标本及轮廓图（左图比例尺为长3 cm）

▲ 图6-47 德国古生物学家亨德里克测量临沭恐龙足迹化石数据

附　恐龙之最

1.最早出现的恐龙——始盗龙。它生存于距今2.3亿年前，在南美洲阿根廷的西北部被发现。

2.速度最快的恐龙——伤齿龙。它的奔跑速度为56~80千米/时。

3.最重的恐龙——巨体龙。它体长可达34米，体重约139吨。

4.爪子最长的恐龙——镰刀龙。它的爪骨长0.70米，臂长2.5米。

5.最高的恐龙——极龙。它高达17米。

6.最小的恐龙是近鸟龙——耀龙。它们的体型相当于鸽子，都在35厘米以下。

7.尾巴最长的恐龙——梁龙。它的尾巴长13.5米。

8.脖子最长的恐龙——马门溪龙。它的脖子长约15米。

9.最凶猛的恐龙——伶盗龙。它又叫迅猛龙，虽然体型只有火鸡那么大，但它的前爪可直接瞄准原角龙的脖子，割断静脉和气管。

10.最大的肉食恐龙——棘龙。它身长22米，高度5米，体重可达22吨。

11.最聪明的恐龙——伤齿龙。在恐龙中它的脑袋最大，EQ高达5.3！

12.牙齿最大的恐龙——霸王龙。它切割肉的牙齿超过15厘米。

13.眼睛最大的恐龙——奔龙（驰龙）。它的眼睛直径约8厘米。

14.脑最小的恐龙——剑龙。它的脑重70克，是体重的1/250 000。

15.最长的恐龙——易碎双腔龙。它长约58米，体重120吨。

16.最绚丽的恐龙——中国鸟龙。它是全球发现的第五种有羽毛的恐龙。

17.最早发现的恐龙——禽龙。1822年，英国医生曼特尔在英国南部的苏塞克斯郡发现。

18.世界上发现的第一只皮肤印迹上有"羽毛衍生物"的恐龙——中华龙鸟。

19.头骨最大的恐龙——牛角龙。头骨长2.7米。

20.我国最早命名的恐龙——满洲龙。发现于黑龙江。

21.我国发现的第一条蜥脚类恐龙——师氏盘足龙。产于山东。

22.我国最大最完整的恐龙化石——合川马门溪龙化石。产于四川。

23.世界最大的鸭嘴龙——巨大华夏龙。产于山东。

24.我国第一座专业性恐龙博物馆——四川自贡恐龙博物馆。

25.世界上数量最大、种类最多的恐龙蛋化石产地——河南西峡盆地。

26.全世界发行的第一枚恐龙邮票——云南禄丰龙复原图邮票。

27.中国人自己发现、发掘、研究、命名和装架展示的第一只恐龙——云南许氏禄丰龙。

28.世界上发现最原始、保存最完整的剑龙——太白华阳龙。产于四川。

29.世界上发现保存最完整、最小、长有四翼的恐龙——顾氏小盗龙。产于辽宁。

30.我国发现的第一枚驰龙足迹——四川伶盗龙足迹。

参考文献

[1]陈树清. 山东诸城恐龙化石发掘新成果[J]. 化石, 2010, (1): 9–11.

[2]陈伟. 中国恐龙足迹类群[J]. 重庆师范大学学报: 自然科学版, 2000, 17(4): 56–62.

[3]崔贵海. 我国的恐龙[J]. 生物学通报, 2000, 35(12): 7–11.

[4]戴良佐. 20世纪新疆恐龙化石发现之回顾[J]. 新疆地方志, 2001, (3): 16–17.

[5]董枝明, 赵闯. 百年中国十大恐龙明星[J]. 化石, 2011, (2): 70–79.

[6]董枝明. 泰国的恐龙与恐龙文化[J]. 化石, 2005, (3): 31–32.

[7]董枝明. 中国的恐龙动物群及其层位[J]. 地层学杂志, 1980, 4(4): 256–263.

[8]董枝明. 中国发现恐龙百年[J]. 大自然探索, 2003, (11): 4–9.

[9]董枝明. 中国恐龙研究50年[J]. 大自然, 2000, (4): 1–3.

[10]董枝明. 中国恐龙研究的新进展[J]. 化石, 2008, (3): 23–24.

[11]方晓思, 岳昭, 凌虹. 近十五年来蛋化石研究概况[J]. 地球学报, 2009, 30(4): 523–542.

[12]郭殿勇. 内蒙古的白垩系分布和恐龙类的发展演变[J]. 内蒙古地质, 1999, (3): 21–32.

[13]郭靖. 中国恐龙化石类地质公园的分布特征与价值[J]. 资源与产业, 2013, 15(1): 108–113.

[14]胡承志. 山东诸城巨型鸭嘴龙化石[J]. 地质学报, 1973, (2): 179–206.

[15]胡承志, 程政武, 庞其清, 等. 巨型山东龙[M]. 北京: 地质出版社, 2001: 1–139.

[16]胡承志. 山东诸城巨型鸭嘴龙化石[J]. 地质学报, 1973, (2): 179–205.

[17]季强, 姬书安. 中华龙鸟化石研究新进展[J]. 中国地质, 1997, (7): 30–33.

[18]季强. 中国恐龙蛋研究的历史与现状[J]. 地球学报, 2009, 30(3): 285–290.

[19]江山, 李飞, 彭光照, 等. 四川自贡中侏罗世峨眉龙一新种[J]. 古脊椎动物学报, 2011, 49(2): 185–194.

[20]李建军, 白志强, 魏青云. 内蒙古鄂托克旗下白垩统恐龙足迹[M]. 北京: 地质出版社, 2011.

[21]李日辉, Martin G Lockley, Masaki Matsukawa, 等. 山东莒南地质公园发现小型兽脚类恐龙足迹化石Minisauripus[J]. 地质通报, 2008, 27(1): 121−125.

[22]李日辉, Martin G Lockley, 刘明渭. 山东莒南早白垩世新类型鸟类足迹化石[J]. 科学通报, 2005, 50(8): 783−787.

[23]李日辉, 张光威. 莱阳盆地莱阳群恐龙足迹化石的新发现[J]. 地质论评, 2000, 46(6): 605−611.

[24]刘金远, 赵资奎. 山东莱阳晚白垩世恐龙蛋化石一新类型[J]. 古脊椎动物学报, 2004, 42(2): 166−170.

[25]刘亚光. 江西恐龙蛋的分类及层位[J]. 江西地质, 1999, 13(1): 3−7.

[26]钱迈平, 应军, 姜杨, 等. 浙江白垩纪恐龙化石[J]. 地质学刊, 2009, 33(4): 337−345.

[27]钱迈平, 胡柏祥, 詹庚申, 等. 大型蜥脚类恐龙研究[J]. 地质学刊, 2009, 34(4): 337−345.

[28]钱迈平. 恐龙蛋化石研究[J]. 地质学刊, 2006, 30(3): 161−171.

[29]钱迈平. 华夏龙谱(26)——千禧中国鸟龙(*Sinornithosaurus millenii* Xu, Wang *et* Wu, 1999)[J]. 地质学刊, 2003, 27(1): 18.

[30]钱迈平. 华夏龙谱(31)——顾氏小盗龙(*Microraptor gui*)[J]. 地质学刊, 2004(3): 144.

[31]钱迈平. 华夏龙谱(37)——巨型山东龙(*Shantungosaurus gigantus* Hu, 1974)[J]. 地质学刊, 2006(1): 40.

[32]钱迈平. 华夏龙谱(43)——中国谭氏龙(*Tanius sinensis* Wiman, 1929) [J]. 地质学刊, 2007(3): 164.

[33]钱迈平. 华夏龙谱(53)——刘家峡黄河巨龙(*Huanghetatian liujiaxiaensis* You et al., 2006)[J]. 地质学刊, 2010(1): 60.

[34]钱迈平. 华夏龙谱(54)——汝阳黄河巨龙(*Huanghetatian ruyangensis* Lu et al., 2007)[J]. 地质学刊, 2010(2): 199.

[35]山东省地质矿产局区域地质调查队. 山东莱阳盆地地层古生物[M]. 北京: 地质出版社, 1990.

[36]孙革, 张立君, 周长付, 等. 30亿年来的辽宁古生物[M]. 上海: 上海科技教育出版社, 2011.

[37]汪筱林, 王强, 蒋顺兴, 等. 中国晚白垩世陆相红层与恐龙蛋化石群序列及其地层学意义[J]. 地层学杂志, 2012, 36(2): 400−416.

[38]汪筱林. 中国恐龙研究历史与现状[J]. 世界地质, 1998, 17(1): 8−21.

[39]王德有, 周世全. 西峡盆地新类型恐龙蛋化石的发现[J]. 河南地质, 1995, 13(4): 262−267 .

[40]王德有, 何萍, 张克伟. 河南省恐龙蛋化石研究[J]. 河南地质, 2000, 18(1): 15-31.

[41]王旭日, 昝淑芹, 金利勇, 等. 兽脚类恐龙研究进展[J]. 世界地质, 2005, 24(1): 18-23.

[42]吴启成. 辽宁古生物化石珍品[M]. 北京: 地质出版社, 2002.

[43]徐金蓉, 李奎, 刘建, 等. 中国恐龙化石资源及其评价[J]. 国土资源科技管理, 2014, 31(2): 8-16.

[44]徐星, 汪筱林. "带羽毛"的恐龙及鸟类起源[J]. 中国科学院院报, 2001, 16(1): 50-52.

[45]徐星, 刘昭. 多姿多彩的暴龙家族(卜)[J]. 大自然, 2013, (5): 44-47.

[46]张和. 中国古生物化石[M]. 北京: 地质出版社, 2010.

[47]张嘉良, 王强, 蒋顺义, 等. 莱阳白垩纪化石生物群[J]. 科学世界, 2011(8): 22-41.

[48]张蜀康. 中国白垩纪蜂窝蛋化石的分类订正[J]. 古脊椎动物学报, 2010, 48(3): 203-219.

[49]张艳霞. 山东诸城晚白垩世恐龙动物群研究进展[J]. 山东国土资源, 2014, 30(5):40-46.

[50]张永强. 河南恐龙化石群发掘研究硕果满枝[J]. 资源导刊. 2014, (10): 4-5.

[51]张玉光. 西南地区新发现的恐龙化石[J]. 大自然, 2000, (3): 40.

[52]赵宏, 赵资奎. 河南淅川盆地的恐龙蛋[J]. 古脊椎动物学报, 1998, 36(4): 282-296.

[53]赵喜进, 李敦景, 韩岗, 等. 山东的巨大诸城龙[J]. 地球学报, 2007, 28(2): 111-122.

[54]赵资奎, 蒋元凯. 山东莱阳恐龙蛋化石的显微结构研究[J]. 中国科学, 1974, (l): 63-77.

[55]赵资奎. 恐龙蛋—恐龙化石中的珍品[J]. 生物学通报, 1994, 29(2): 4-7.

[56]甄朔南, 李建军, 韩兆宽, 等. 中国恐龙足迹研究[M]. 成都: 四川科学技术出版社, 1996.

[57]郑晓廷. 鸟类起源[M]. 济南: 山东科学技术出版社, 2009.

[58]周明镇. 山东莱阳白垩纪后期恐龙化石及蛋化石[J]. 中国地质学会志, 1951, 31(1-4): 89-96.

[59]周世全, 冯祖杰, 张国建. 河南恐龙蛋化石组合类型及其地层时代意义[J]. 现代地质, 2001, 15(4): 362-369.

[60]周世全, 罗铭玖, 王德有, 等. 河南省恐龙蛋类型及古生态特征[J]. 河南地质, 1996, 14 (3): 186-194.

[61]周世全, 李占杨, 冯祖杰, 等. 河南西峡盆地恐龙蛋化石及埋藏特征[J]. 现代地质, 1999, 13(3): 298-300.

[62]朱佛宏(编译). 南极洲的恐龙类[J]. 海洋地质动态, 2007, (4): 14.

[63]Lv J C, Xu L, Jia S H, Zhang X L, Zhang J M, Yang L L, You H L, Ji Q. A new gigantic sauropod dinosaur from the Cretaceous of Ruyang, Henan, China[J]. Geological Bulletin of China. 2009, 28(1): 1−10.

[64]Li R H, Lockley G M, Matsukawa M, Wang K B, Lin M W. An unusual theropod track assemblage from the Cretaceous of the Zhucheng area, Shandong Province, China[J]. Cretaceous Research, 2011, 32(4): 422−432.

[65]Xu X, Wang K B, Zhao X J, Sullivan C, Chen S Q. A New Leptoceratopsid (Ornithischia: Ceratopsia) from the Upper Cretaceous of Shandong，China and Its Implications for Neoceratopsian Evolution[J]. Plos Une, 2010, 5(11): 1−14.